正文社 YouTube 頻道

嘟一嘟在正文社 YouTube 頻道搜索「幻彩折射燈」觀看使用過程！

居兔小姐，請你準備一些後備裝飾。

兒科學校舞會籌備委員會美術部主管
居兔夫人

沒問題！

對了，你試完這件表演服後，記得放回儲物室啊。

兒科學校舞會籌備委員會主席
瓦特犬

⚠ 請勿直視 LED 燈的光源，以免對雙眼和身體造成傷害。
本產品可產生閃光及對比鮮明的燈光效果，請避免長時間使用，以免引起不適。

幻彩折射燈

幻彩折射燈的電路

我們還要組裝幾盞燈。看電路圖時仔細點，別再弄錯了啊！

是。

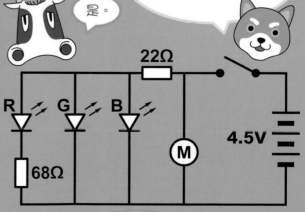

22Ω

R   G   B

68Ω

M

4.5V

看不懂……算了，船到橋頭自然直。

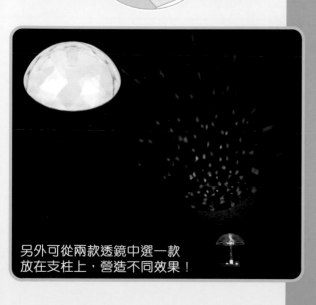

另外可從兩款透鏡中選一款放在支柱上，營造不同效果！

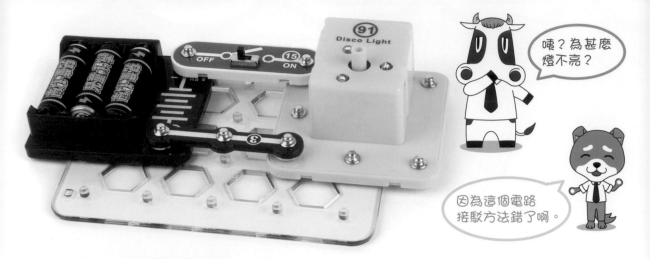

電路是甚麼？

將一連串的電路零件以導電體連接起來，便形成一個電路。為發揮特定功能，不同電路會由不同零件以特定方法連接而成。以幻彩折射燈為例：

共有 3 個電路零件：電池、開關及 LED 燈組件。為方便展示，人們通常繪出簡化的電路圖，而那些零件在圖中則以不同符號表示。

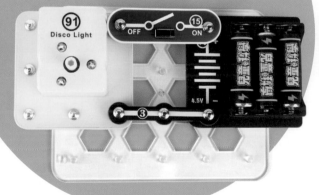

電池組

電池組由多枚電池連結而成，每一對長短線代表一枚電池，當中長線代表正極，短線代表負極。旁邊的數值表示整個電池組的電壓總和。電壓的單位是 V，可唸 Volt 或 V，中文為「伏特」。

虛線框內是 LED 燈組件內的電路。

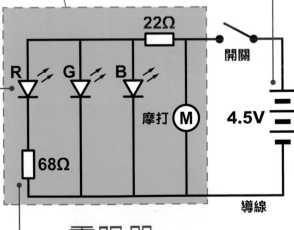

發光二極管

俗稱 LED 燈，通電時會發光，另外也可限制電流方向。

符號中的三角形表示電流的方向：

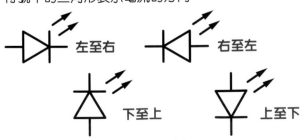

符號旁的 R、G、B 則分別代表紅色（Red）、綠色（Green）和藍色（Blue）。

電阻器

這用來消耗部分電力，並將之轉化為熱能。旁邊的數值叫電阻值，電阻值愈大，能消耗的電力也愈多。Ω 是電阻的單位，唸 Ohm，中文為「歐姆」。

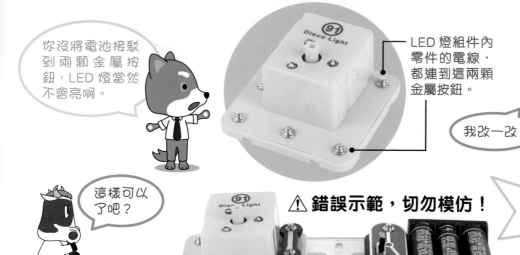

你沒將電池接駁到兩顆金屬按鈕，LED 燈當然不會亮啊。

LED 燈組件內零件的電線，都連到這兩顆金屬按鈕。

我改一改。

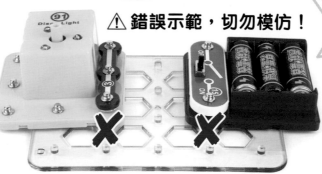

這樣可以了吧？

⚠ 錯誤示範，切勿模仿！

不可這樣接駁，會短路的啊！

好像不太對⋯⋯

電壓、電流和短路

當安裝電池後，幻彩折射燈的電路便會產生 4.5 伏特的電壓。如這時撥動開關，就會產生電流，並流經整個電路。

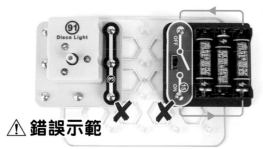

⚠ 錯誤示範

由於電流會盡量循電阻最小的路徑流動，而路徑的電阻愈小，電流就愈大，產生的熱能也愈大。如果按上圖所示接駁，電阻接近 0，電流就會極大，因而令電池及導線的溫度變得非常高，令電池及電路損壞，甚至可能引發火災。此情況稱為短路。

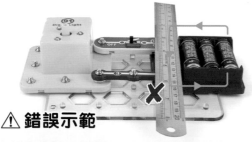

⚠ 錯誤示範

▲如有導體（如鐵尺）連接到電池箱正負兩極，也會引起短路。

為甚麼電流由正流向負？

在 18 世紀，科學家普遍認為電是一種看不見的流體，並由正極流向負極。可是到 19 世紀，科學家才發現電流是電子移動所致，只是方向跟原本所想的剛好相反，乃由負極流向正極！

不過，科學家也發現只要在分析電路及計算時，都遵從其中一個方向，所得出的結果完全就會相同，故此兩者至今都有被採用。

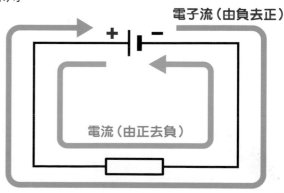

電子流（由負去正）

電流（由正去負）

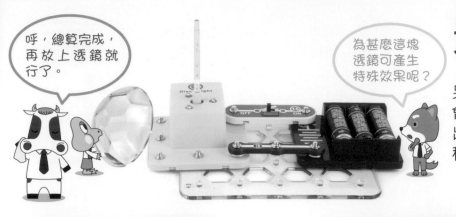

光的折射

光線從一種媒介進入另一種媒介時，速度就會產生變化，因而有時出現光線拐彎的現象，稱為折射。

光速：米/秒

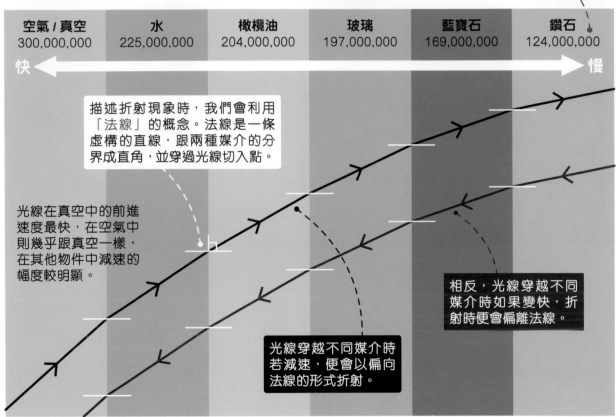

空氣/真空	水	橄欖油	玻璃	藍寶石	鑽石
300,000,000	225,000,000	204,000,000	197,000,000	169,000,000	124,000,000

快 ← → 慢

描述折射現象時，我們會利用「法線」的概念。法線是一條虛構的直線，跟兩種媒介的分界成直角，並穿過光線切入點。

光線在真空中的前進速度最快，在空氣中則幾乎跟真空一樣，在其他物件中減速的幅度較明顯。

相反，光線穿越不同媒介時如果變快，折射時便會偏離法線。

光線穿越不同媒介時若減速，便會以偏向法線的形式折射。

幻彩折射燈的透鏡是一塊有許多個面的凸透鏡，每個面均可將 LED 燈的光聚焦，故此能產生多點彩光的效果。

放大鏡就是一塊凸透鏡。

切面圖

◀幻彩折射燈的特殊透鏡外面順滑，內壁則由多個平面構成，這種設計令表面形成多塊的凸透鏡。

這塊都是凸透鏡？

對，透鏡有許多種類呢。

凸透鏡和凹透鏡

透鏡可按照其弧度，分成凸透鏡和凹透鏡兩大類別，繼而按形狀細分。凸透鏡可使光線匯聚，凹透鏡則令光線散開。

凸透鏡

如果透鏡中央比外圍厚，就是一塊凸透鏡，可再分成以下的種類：

雙凸透鏡

平凸透鏡

正新月透鏡

凹透鏡

如果透鏡外圍比中央厚，則是一塊凹透鏡，同樣有多個種類：

雙凹透鏡

平凹透鏡

負新月透鏡

為甚麼需要多種透鏡？

將多塊透鏡組合起來，便能使光線以特定形式折射，產生跟物件本身不同的影像。例如顯微鏡可將細小物件的影像放大，望遠鏡則能把來自遠方物件的微弱光線聚合，使影像較光亮而更易觀察。

另外，將各種凸透鏡及凹透鏡組合，可緩解各種像差問題，即影像無法聚焦成清晰影像。常見的像差有以下兩種。

球面像差

理論上，透鏡會將光線匯聚至一點，因而產生影像。不過現實中的透鏡就算表面的弧度完美，光線仍無法集中在一點上，令影像就算正確聚焦，卻還是不夠清晰。

理想狀況

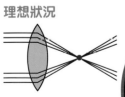

現實狀況

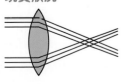

▲較便宜的顯微鏡常有球面像差的問題。

色差

不同顏色的光經過透鏡時，折射幅度也不同。因此來自物件的光經折射後，原本顏色的光便可能分拆成多種顏色並散開，使影像產生「鬼影」般的效果。

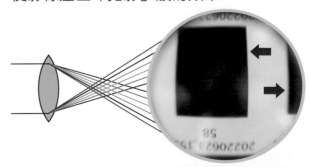

▲上圖是放大鏡中的電腦螢幕影像。紅光折射度最低，紫色光最高。圖中黑塊邊緣的藍色及橙色部分，便是色差造成的。

瑞利散射

光線在傳遞途中，如遇上微細粒子，便會向四方八面散射。若從旁觀察，便可能看到光形成一條光束。如果粒子濃度很高，散射程度便會加劇。

粒子令部分光線散射向其他方向，其餘光線則繼續前進。

▶將數滴豆漿或牛奶加入水中，再以電筒照射，便可觀察到瑞利散射。

鐳射

這主要利用能量去刺激一些已受激發的原子放光，從而造成一束方向、波長及波形都相同的光束（即同調）。

鐳射光源內的裝置需要外來能源，才能以電能或光能不斷刺激增益介質（即用來發出鐳射的物質）發光。

增益介質

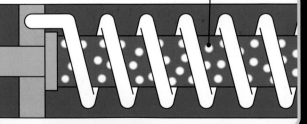

不同增益介質可產生不同種類的鐳射，例如使用氖氣及氦氣可產生紅色可見光鐳射。另外，使用二氧化碳則可產生肉眼看不見的紅外線鐳射。

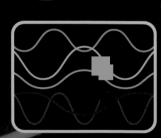

▲不同調的光

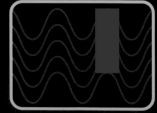

▲同調的光十分整齊，波長及波形完全相同。

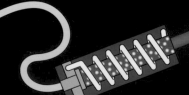

光源大比併

幻彩折射燈的 LED 燈，還有日常生活中常用的各種光源，都不是鐳射，其產生光線的原理也不相同。

LED 燈

LED 的中文是「發光二極管」，是一種用半導體製成的電子零件。這種零件只要以正確的電極接上電源，而且電壓正確，便會發光。

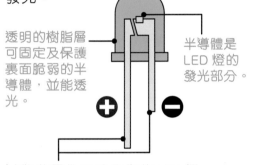

透明的樹脂層可固定及保護裏面脆弱的半導體，並能透光。

半導體是 LED 燈的發光部分。

以散裝零件形式發售的 LED 燈，通常有一對長短「腳」。長腳是正極，短腳則是負極，而電流從正極經 LED 燈流向負極。

LED 不發出白光？

LED 的白光是以兩種方法間接產生：
1：以紅、綠、藍三色混合成白光；
2：以藍光刺激燈泡上的螢光塗層，令該塗層發出接近白色的光。

氣體放電燈

雖然現時香港的街燈已逐漸替換成 LED 燈，但仍有些是氣體放電燈。

街燈的黃光是含鈉原子的氣體放電燈所發出的。

這種燈內有一條幾乎真空、只裝有極少量特定物質的管。當這條管通電後，裏面的物質受到激發，便會放出特定顏色的光。

光管

這是以螢光原理來發光。燈管內有一條含有貴氣體及數微克水銀的氣體管，通電後會發出紫外光。那些紫外光照射到燈管內壁的螢光塗層，便會發出白光。

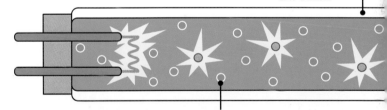
螢光塗層

貴氣體幾乎不產生化學反應，可用來防止管內的金屬部分遭到侵蝕，也有控制電流、降低開燈所須電壓等效果。

哇！
太大煙啦！
灑

這裏怎麼變成水鄉澤國的？
居兔小姐，請你把後備裝飾拿過來吧。

海豚哥哥 自然教室

動物

環保生態協會
Eco Association

雖然貝貝不是香港野生鱷魚，卻是香港的明星動物！

有時間就來香港濕地公園找我吧！

灣鱷（Saltwater Crocodile，學名：*Crocodylus porosus*），是世上現存最大的爬行動物。雌性身長達 3 米，體重接近 200 公斤；而雄性身長則可達 5 米，體重更可達 400 公斤！

小灣鱷 貝貝

© 海豚哥哥 Thomas Tue

　　這種鱷魚擁有深棕色身體，腹部呈白色。其嘴巴窄長，咬合力達 4200 磅，非常驚人，就連烏龜的硬殼也能咬穿！牠對食物並不挑剔，主要吃水生動物、魚、泥蟹、龜、青蛙和水禽等。

　　灣鱷雖外表笨重，但四肢強壯，擁有短距離迅速移動的爆發力。牠主要在東南亞、印尼、澳洲北部等地區的濕地、淺海、潮間帶棲息，壽命估計達 70 歲。

© 海豚哥哥 Thomas Tue

▲ 灣鱷的牙齒跟鯊魚一樣，脫落後能長出新牙。

▼ 牠身上有鹽腺能排出多餘鹽分，得以在鹹水區域生活。

© 海豚哥哥 Thomas Tue

如有興趣親眼觀看中華白海豚，請瀏覽網址：
https://eco.org.hk/mrdolphintrip

收看精彩片段，
請訂閱 Youtube 頻道：
「海豚哥哥」
https://bit.ly/3eOOGlb

f 海豚哥哥 Thomas Tue

海豚哥哥簡介

　　自小喜愛大自然，於加拿大成長，曾穿越洛磯山脈深入岩洞和北極探險。從事環保教育超過 20 年，現任環保生態協會總幹事，致力保護中華白海豚，以提高自然保育意識為己任。

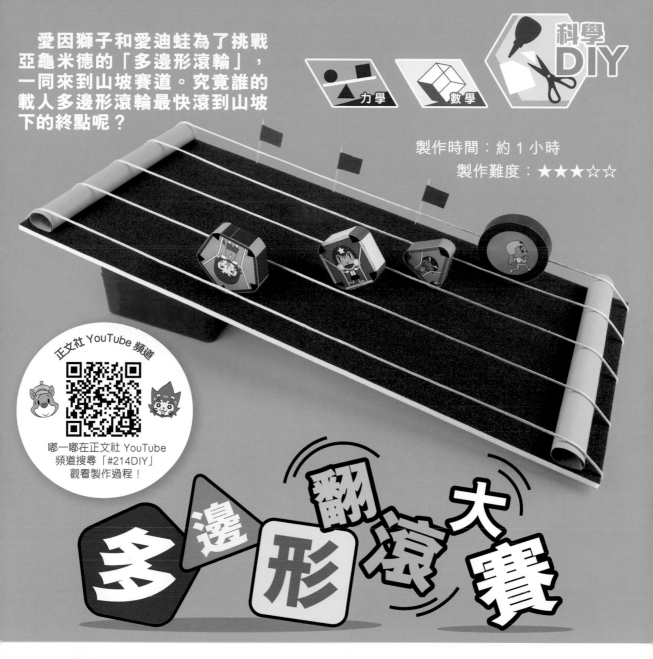

愛因獅子和愛迪蛙為了挑戰亞龜米德的「多邊形滾輪」，一同來到山坡賽道。究竟誰的載人多邊形滾輪最快滾到山坡下的終點呢？

力學　數學　科學DIY

製作時間：約 1 小時
製作難度：★★★☆☆

正文社 YouTube 頻道

嘟一嘟在正文社 YouTube 頻道搜尋「#214DIY」觀看製作過程！

多邊形翻滾大賽

多邊形滾輪製作方法

材料：波子
工具：剪刀、�𠝹刀、膠水

⚠請在大人陪同下小心使用刀具及利器。

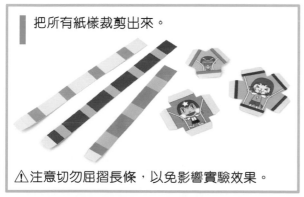

1 把所有紙樣裁剪出來。

⚠注意切勿屈摺長條，以免影響實驗效果。

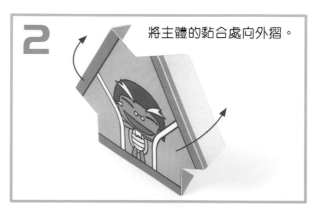

2 將主體的黏合處向外摺。

11

3 把長條跟主體黏合。

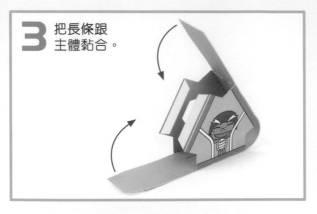

4 放入一顆波子。

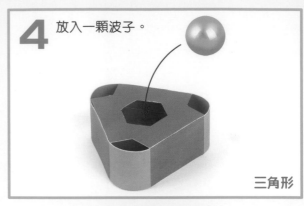

三角形

5 重複步驟 2 至 4，製作正方形及五邊形滾輪。

正方形

五邊形

斜台製作方法

⚠ 請在大人陪同下小心使用刀具及利器。

材料：塑膠板（也可使用紙盒或其他可用作斜台的物件）、書本、顏色紙、綿繩
工具：剝刀、膠水

1 利用紙盒或塑膠板為斜面，可貼上顏色紙作為裝飾。

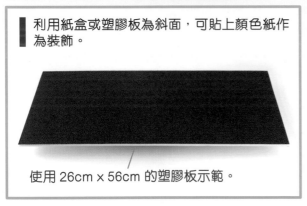

使用 26cm x 56cm 的塑膠板示範。

2

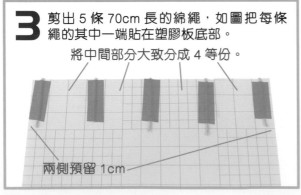

把兩張 25cm x 25cm 的紙捲成兩個圓筒，用膠紙固定，貼在斜面上下兩端。

3 剪出 5 條 70cm 長的綿繩，如圖把每條繩的其中一端貼在塑膠板底部。

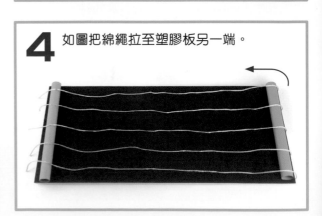

將中間部分大致分成 4 等份。

兩側預留 1cm

4 如圖把綿繩拉至塑膠板另一端。

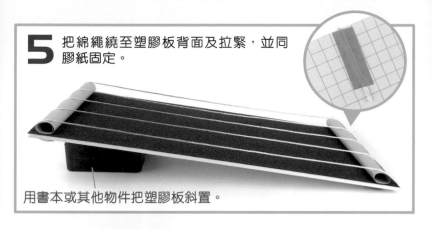

5 把綿繩繞至塑膠板背面及拉緊，並同膠紙固定。

用書本或其他物件把塑膠板斜置。

可加上小裝飾！

用竹條或間尺使滾輪平排

完成後，即可放上多邊形滾輪進行實驗！

開始翻滾吧！

翻滾各不同！

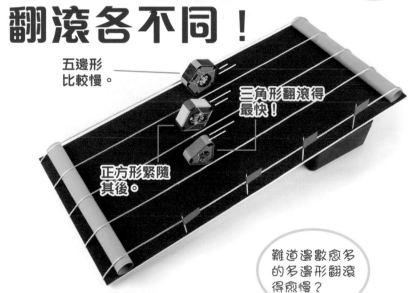

五邊形比較慢。

三角形翻滾得最快！

正方形緊隨其後。

難道邊數愈多的多邊形翻滾得愈慢？

科學與數學的根基 —— 猜想

　　不論是科學或數學，幾乎所有理論往往從觀察開始的。當科學家或數學家觀察到某個現象，經思考後便會開始建立一套解釋的方法。在該解釋尚未得到證實前，就叫猜想。

長條 A

長條 B

試證愛因獅子的猜想！

　　三個多邊形紙樣的形狀經特別設計，隨着邊數愈多，就愈像一個半徑約為 3.5cm 的圓形。

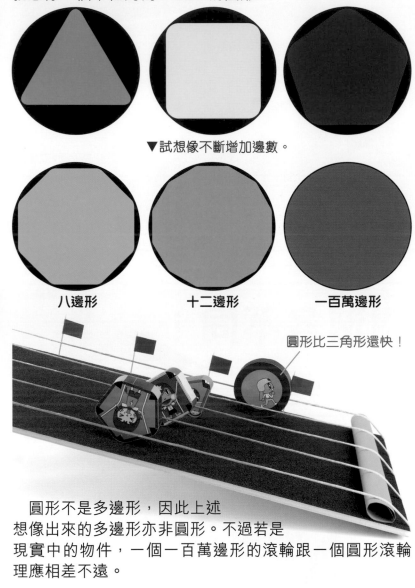

▼試想像不斷增加邊數。

八邊形　　　　十二邊形　　　　一百萬邊形

圓形比三角形還快！

　　圓形不是多邊形，因此上述想像出來的多邊形亦非圓形。不過若是現實中的物件，一個一百萬邊形的滾輪跟一個圓形滾輪理應相差不遠。

　　這可能是因為當多邊形的邊數變得非常大，滾輪毋須換邊翻滾，因此速度較快。

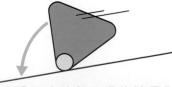

▲三角形中的部分動能被用作整個立體的翻滾，令波子向下滾動的動能較少，故速度較慢。

▲圓形幾乎不用換邊翻滾，動能幾乎都給波子用來滾下斜坡，因而較快。

紙樣

沿實線剪下　　沿虛線向內摺　　黏合處

長條 C

三角形
（主體 C）

可另外下載
圓形紙樣！

正方形
（主體 A）

五邊形
（主體 B）

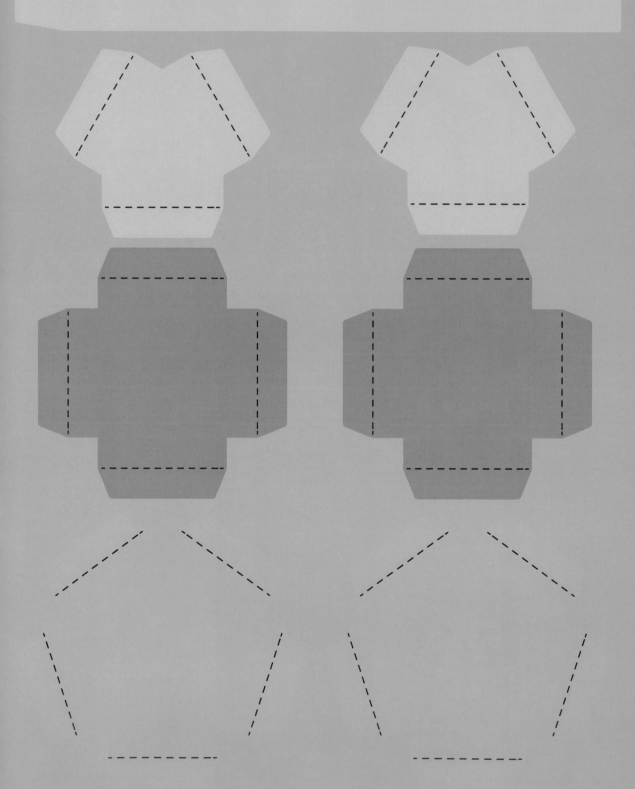

伏特犬老師在校慶設計了一些攤位遊戲，希望吸引學生學習有關靜電的知識。

電力　生活

靜電遊樂日

靜電大挑戰

誰來挑戰隔空旋轉鉛筆和令水母飄浮？挑戰成功便有大獎！

正文社 YouTube 頻道

嘟一嘟在正文社 YouTube 頻道搜索「#214 科學實驗室」觀看過程！

靜電風車

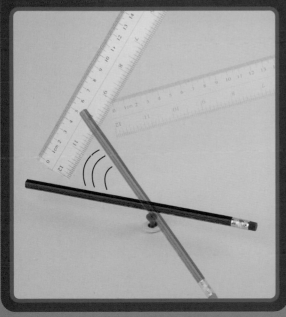

飛天水母

17

靜電風車

⚠ 請在家長陪同下小心使用刀具及尖銳物品。

材料：鉛筆、膠間尺、大頭釘　　　工具：風筒、萬用膠、絲巾（或絨布）

1 用風筒吹向鉛筆、間尺和絲巾約十秒，令其變得乾燥。

2

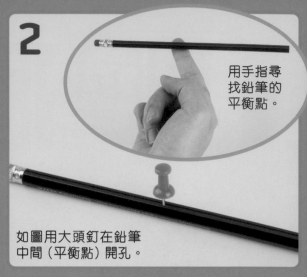

用手指尋找鉛筆的平衡點。

如圖用大頭釘在鉛筆中間（平衡點）開孔。

3 用萬用膠固定大頭釘於桌上，並把鉛筆放到大頭釘上。

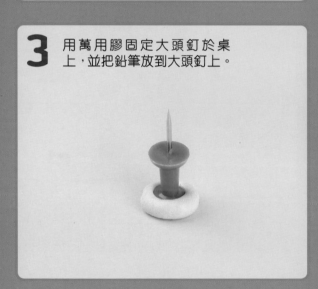

4 用力地以絲巾摩擦間尺。

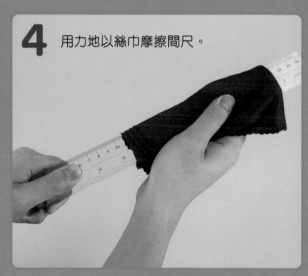

5 以間尺牽引鉛筆轉圈。

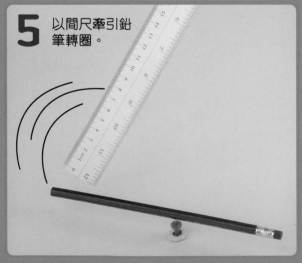

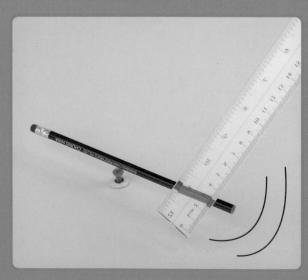

飛天水母

⚠ 請在家長陪同下小心使用刀具及尖銳物品。

材料：尼龍繩、文件夾　　　　工具：剪刀、風筒、絲巾（或絨布）

1 剪出一條 18cm 或以上的尼龍繩，並把其攤開。

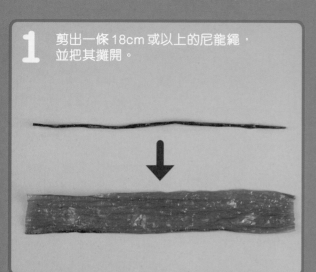

2 用風筒吹向文件夾、尼龍繩和絲巾約十秒，令其變得乾燥。

3 如圖在尼龍繩其中一端打結，並把另一端撕成水母狀。

撕得越散，效果越好！

4 用力地以絲巾摩擦文件夾和水母。

5 把水母從空中放下，再用文件夾使它飄浮。

這是怎樣做到的？

這與靜電的特性有關呢。

靜電是甚麼？

靜電是物件的正負電荷不平衡而引起的現象。物質一般是中性的，即具有數目相同的正電荷粒子（質子）及負電荷粒子（電子）。當一個物體被摩擦，其電子就會轉移，打破該物體的電荷平衡。

物體平常是中性的。當中，質子的位置是固定的，電子則因為被質子拉扯，於是在質子附近活動。

頓牛媽媽（飾演質子）　頓牛（飾演電子）

同性相斥，異性相吸

如上所言，電荷有正負之分，同性之間具排斥力，異性之間則有吸引力。

▲兩個正電荷粒子會相斥。

▲兩個負電荷粒子會相斥。

▲一正一負的電荷粒子會相吸。

前頁兩個挑戰都是以摩擦使電荷轉移。為甚麼一個產生吸引力，另一個產生排斥力？

這跟使用物料有關。

物料與正負電荷

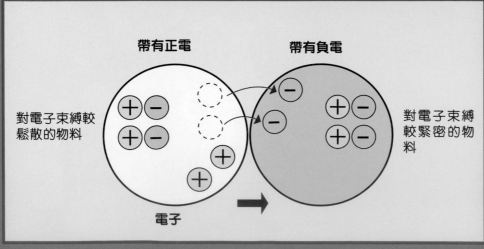

帶有正電　　　　帶有負電

對電子束縛較鬆散的物料

對電子束縛較緊密的物料

電子

不同物料對電子的束縛程度均不同，當兩個物體摩擦時，電子會由束縛較鬆散的一方轉移到束縛較緊密的另一方。失去電子的一方因而帶有正電，而得到電子的一方則帶有負電。

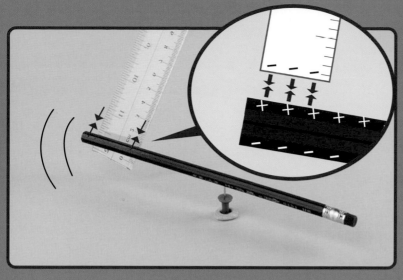

在「靜電風車」實驗中，鉛筆是中性的，而且就算被大力摩擦亦幾乎不起電。而間尺與絲巾摩擦時，因間尺比絲巾對電子的束縛力更強，於是電子由絲巾轉移至間尺，使間尺帶有負電。

當間尺接近鉛筆，雖然鉛筆的電子並無增減，但其電子分佈受到影響，正電荷粒子變得較接近間尺，因而異性相吸，受到其牽引而轉圈。

在「飛天水母」實驗中，文件夾和尼龍繩與絲巾摩擦時，因文件夾和尼龍繩對電子的束縛力均較強，所以電子經絲巾轉移至文件夾和尼龍繩，使它們都帶有負電。在同性相斥的原理下，文件夾使尼龍水母飄浮在空中。

日常生活都出現各種靜電現象，人們甚至會將之加以利用呢！

日常靜電現象

天氣乾燥時，物體難以透過空氣中的水分放電，令某些物體摩擦後較易累積靜電。

◀身體與穿在身上的衣服常會摩擦，累積靜電，到脫下衣物時引發電子流動，產生極輕微的電火花而發出「啪啪」聲。

◀梳頭時，膠梳與頭髮上的靜電會互相吸引，使頭髮打結。

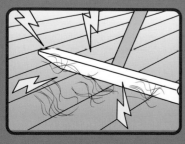

◀靜電除塵紙先是以摩擦產生靜電，再以此吸附微小的塵埃。

你挑戰失敗，就給你一份靜電練習，補習一下吧！

嗚～

讀者天地

大家有玩射擊裝置，做百發百中的神槍手嗎？

刊

林詩晴

你說對了！我們的名字大多與科學家有關，例如我的名字是來自愛迪生。那麼你知道其他人的名字來自哪些科學家嗎？另外，你的畫功與你的槍法都一樣厲害，給你 10 分！

陳謀音

我已經秘密練習，下次一定能打敗愛麗絲！你畫出了我的英姿，就給你 100 分吧！

林煜涵

幸虧有小 Q 的法寶，我們才會有與植物溝通的神奇體驗呢。

黃凝

那麼最後誰贏了啊？對了，如果不分勝負，你們也可用第 213 期的魔術套裝，挑戰誰是最強魔術師呢！

電子信箱問卷

伍敏行
Mr.A 竟把自己的花園弄到一團糟，還要是自己弄的真可笑！

唉，A 星植物園開不了，還被媽媽罵了整整一個月，這次真的虧大了。

陳頌朗
福爾摩斯可否加插更多 M 博士的故事？

M 博士是個狡猾的對手，我和他在未來一定還會有更多對決！另外，我們也出版了《M 博士外傳》，你可以看看他的故事呀！

其他意見

今次的科學 Q and A 十分有趣，讓我明白了植物的知識。這個漫畫內容正合我做的專題題目內容呢！讓我可以在這裏參考一下！
馮孜浩

我好喜歡數學偵緝室，很有趣又可以動腦筋。
鍾崇哲

我認為「搖搖海盜船」很好玩，我也要到海洋公園玩真的海盜船。
楊仁浩

大偵探
福爾摩斯
SHERLOCK HOLMES

科學鬥智短篇⑤⑥
威乃馨奇案⑴

厲河＝小說 鄭江輝、陳秉坤＝繪

福里曼・威利斯・克勞夫茲＝原案
陳沃龍、徐國聲＝着色

福爾摩斯 精於觀察分析，曾習拳術，是倫敦最著名的私家偵探。

華生 曾是軍醫，樂於助人，是福爾摩斯查案的最佳拍檔。

「一別10年，不知道媽媽怎樣了……」桑茲躲在街角，抬頭看着一棟樓房的一樓，內心**惴惴不安**地猜測，「她……會原諒我嗎……？」

桑茲一家五口，除父母外，還有一兄一妹。兄妹兩人**品學兼優**，是親戚們都羨慕的好孩子。但桑茲卻天生頑劣，自幼已常打架生事，15歲時更因偷竊入獄。父親一氣之下把他逐出家門。

出獄後，他無家可歸，只好隻身**闖蕩江湖**。初時，他一心**改邪歸正**，就在一家餐廳的廚房當學徒，打算學好一門手藝後再回家，希望可以得到父母的原諒。可是，其間結織了一些豬朋狗友後故態復萌，又幹起鼠竊狗盜的勾當來。後來，他更被黑幫分子看中，負責混入達官貴人家中當廚工，以便**裏應外合**進行爆竊。

不過，桑茲心中仍掛念着父母，早前父親病逝，他也站在遠處偷偷地出席葬禮，為亡父默默地祈禱。這天，是母親的**六十大壽**，他買了一份禮物，特意回來為她祝壽，也順道與哥哥和妹妹聚一下舊，修補一下多年不相往來的關係。

「可是……」但桑茲心中仍有顧忌，「媽媽會原諒我嗎？倘若哥哥和妹妹問我從事甚麼工作時，我

23

該如何回答？萬一……媽媽不原諒我，我豈不是破壞了她這個大喜日子……？」

他想到這裏，有點喪氣地搖搖頭準備轉身離開。然而，就在這時，樓房的大門「嘰」的一聲被推開了，一個老婦人走了出來。

桑茲定睛看去，心頭不禁一顫：「啊……是媽媽……」

那個老婦人弓着腰，手上拉着繩子，顫巍巍地拖着一隻小狗，看來正要外出散步去。桑茲見狀，馬上往前追去。可是，他只追了幾步，又停了下來。

「算了，媽媽不會原諒我的，她看到我這個模樣，只會更傷心。可是，這……這東西怎辦？帶回去嗎？」桑茲看了看手上的**禮物**，轉念一想，「不，偷偷地送到她家中吧。只要不寫是誰送的，不就可以為她帶來一個**驚喜**，又不怕傷了她的心嗎？」想到這裏，他不禁摸了摸口袋裏的萬用鑰匙。

不一刻，他已潛進了母親家門。家中的佈置與他10年前離開時幾乎沒有兩樣，惟一不同的是，矮櫃上多了一幅父親的**遺照**。不，還有椅子！他注意到，飯桌旁的椅子不同了，由本來的5把變成4把。他坐的那一把，已消失得**無影無蹤**。

「看來……」桑茲深深地歎了一口氣，「媽媽仍未原諒我。」

太傷心了，他本想轉身就走，可是心中又想：「不知道何時才會再來，反正有空，不如到處看看吧。」

想着，他就走進了爸媽的睡房，看到床上仍有兩個枕頭，知道媽媽仍未放下爸爸的離去。他**情不自禁**地彎下腰來摸了摸床鋪，彷彿想感受一下

母親留下的**餘溫**。接着，他又走進了哥哥和妹妹的房間。兩間房都堆滿了雜物，看來，自兄妹結婚後，他們的房間已變成雜物房了。

「不用說，我的房間也一定**面目全非**吧？」他走到熟悉的門前，輕輕地推開了自己的房門。可是，當眼前的景象闖入眼簾時，他整個人也呆住了。

恍如時間停頓了似的，房內的擺設竟與他10年前離開時**一模一樣**！而且窗明几淨、一塵不染，可知每天都有人來用心地打掃。

「**啊**……」桑茲禁不住熱淚盈眶，「媽媽……媽媽她沒有忘記我……她仍等着我回來……」

桑茲激動地坐了下來，不由自主地抱頭痛哭。過了好一會，當他感到口乾舌燥時，才發現自己已哭了半個小時。他抖擻了一下精神，擦乾眼淚走到廚房，倒了杯開水正想喝時，卻不知怎的，感到廚房有點異樣。

「怎會這樣的？**食材呢？**怎麼沒有食材的？今天不是媽媽六十大壽嗎？哥哥和妹妹兩家人，一定會來為她祝壽的呀！」桑茲感到奇怪。他連忙在廚房到處翻了一下，發現只有幾棵菜、半斤牛肉和幾個雞蛋，怎樣看也只夠一兩個人吃。

大為訝異之下，他再走到客廳和飯廳找了找，也是沒有食材。當他**百思不得其解**之際，眼尾卻瞥見父親的遺照旁邊放着兩封電報。

他一把抓起**電報**來看。

一封寫着：「媽媽：家有事，甚忙，明天來不了。祝您生日快樂！琳達字。」

另一封寫着：「媽：工作多，明缺席。生日快樂！彼得字。」

「琳達……彼得……」桑茲憤怒地把電報揉成一團，「今天媽媽六十大壽，身為子女，多忙也要來呀！太過分了！」

一年後。

「來，喝一杯，慶祝我們獲得一件好差事吧。」坐在火車**頭等卡**內的福爾摩斯說着，先為華生倒了一杯紅酒，然後又為自己倒了一杯。

「這麼快就慶祝？」華生有點擔心地說，「**基茨夫人**委託我們找回失竊的珠寶，現在只是抓到了犯人傑瑞米·桑茲，卻連珠寶的影子也沒看到，你是否高興得太早了？」

「嘿嘿嘿，怎會太早。」福爾摩斯呷了一口紅酒笑道，「基茨夫人說過，抓到犯人付一半酬金，尋回珠寶再付一半。即是說，就算找不到珠寶，一半酬金已是**囊中物**，當然應該慶祝一下啦。」

「哎呀，你太不負責任了。」華生不滿地說，「那些珠寶據說值**19000鎊**，找不到的話，基茨夫人可會損失慘重啊！」

「不會啦。」福爾摩斯又呷了一口紅酒，**自信滿滿**地說，「犯人桑茲已在我們手中，只要把他押送到拉科特鎮，總有辦法叫他供出藏寶地點的。」

「可是李大猩又打又罵，他還是不肯說呀。」

「哎呀，你怎麼擔心這擔心那的，太囉嗦了。來，先乾一杯吧。」福爾摩斯示意華生拿起酒杯，並繼續道，「你也知道呀，那傢伙混進基茨夫人家中當廚師，趁夫人開**生日派對**時偷了珠寶，卻扔下同黨逃到**拉科特鎮**躲藏了幾天。所以，他把珠寶藏在拉科特鎮的可能性最大。來來來！快把酒乾了！」

在福爾摩斯催促下，華生只好拿起酒杯，勉強地呷了一小口，但又皺起眉頭說：「你喝得這麼開心，不覺得有點過分嗎？」

「過分？為甚麼？」

「**李大猩**和**狐格森**呀。」

「他們怎麼了？」

「對不起他們呀。」

「為甚麼？」

「他們負責押送犯人，我們卻在歎紅酒。」

「誰叫他們當差，那是他們的**職責**啊。」

「可是……」

「又怎麼了？」

「他們坐的是**貨卡**，我們坐的卻是**頭等卡**。」

「我們的車票是基茨夫人付錢，他們用的是公帑，怎可**相提並論**。」福爾摩斯幸災樂禍地一笑，「而且，這次押送還要提防犯人的同黨中途搶犯，他們坐貨卡的話就不會**泄露風聲**，被人看到了。」

「可是，他們的貨卡卻是運……」華生說到這裏，只是歎了口氣，再也說不下去了。

「你們這羣**臭豬**，不准亂叫呀！」李大猩站在被木欄柵圍着的一角內，向四周**呼嚕呼嚕**地叫着的豬羣破口大罵。

「嘿嘿嘿，豬又怎聽得懂人話，罵牠們只會**白費氣力**啊。」被銬着手銬的桑茲坐在木板凳上，冷冷地嘲笑。

「該死的小偷！輪到你說話嗎？」坐在他身旁的狐格森手起刀落，「啪」的一聲，用力地扇了桑茲**一巴掌**。

「哇！好痛！虐待犯人呀！警察犯法呀！」桑茲高聲叫喊。

「你不是說豬聽不懂人話嗎？叫甚麼？」李大猩轉過頭來罵道，「害我們坐貨卡，而且還是臭氣熏天的『**豬卡**』，還敢亂叫亂嚷！去死吧！」說罷，他已亂拳如雨下，狠狠地揍了桑茲一頓。

「嗚……嗚……嗚……」桑茲被

揍得縮在一角呻吟，已不敢作聲了。

「**豈有此理！**」李大猩一屁股坐下來就罵道，「局長竟然要我們坐『**豬卡**』！實在太過分啦！」

「是啊！」狐格森邊用手指捏着鼻子，邊抱怨道，「雖然說要保密，但也不用坐『**豬卡**』吧？想臭死我們嗎？」

「最可恨的是，福爾摩斯和華生卻可以坐頭等卡！」李大猩悻悻然地說，「說不定，他們現在還在歎紅酒呢！太可惡了！」

「對！一定是一邊歎紅酒，一邊說我們壞話，取笑我們要**與豬為伍**！」狐格森也**憤憤不平**地說。

「來來來！乾杯！」福爾摩斯把杯中的紅酒一飲而盡，然後吃吃笑地向華生說，「嘿嘿嘿，經過這次旅程之後，說不定李大猩和狐格森一看到豬就想**嘔**，以後都不敢再吃豬肉呢。」

「哎呀，你不同情他們也罷，總不該**落井下石**，在背後取笑他們呀！」華生沒好氣地說。

「同情他們？」福爾摩斯斜眼瞅了華生一眼，「他們兩個平時**作威作福**，又常在我們面前擺架子，這次**坐困豬城**是現眼報，是活該！難得有這麼好的機會，當然要在背後取笑他們了。」

華生知道再說也沒用，就轉換話題問道：「對了，說起來，蘇格蘭場的局長擔心桑茲的同黨搶犯，是否有點兒**杞人憂天**呢？」

「為何這樣說？」

「不是嗎？桑茲又沒有說出珠寶在哪裏，更沒有供出其他黨羽，他的同黨沒有必要冒險**搶犯**呀。」

「嘿嘿嘿，你想得太簡單了。」福爾摩斯神秘地一笑，「局長怕桑茲的同黨會來搶犯，正正是因為桑茲沒有說出珠寶在哪裏呀。如果他已供出珠寶所在，他的同黨反而不會來搶犯呢。」

華生**不明所以**地搔搔頭，問：「為甚麼？」

「哎呀，怎麼你跟李大猩他們一樣笨啊。」福爾摩斯沒好氣地說，「當賊的都是為了錢，有錢的話拚了命也來搶，沒錢的話就抬轎也請不動。要是桑茲供出了珠寶所在，就等於珠寶已 **完璧歸趙**，他的同黨還會冒險搶他嗎？沒錢的買賣誰會來幹啊！」

「原來如此！」華生恍然大悟。

他想了想，又擔心地問：「這麼說的話，這列火車豈不是很 **危險**？」

「這個倒不必太擔心。」福爾摩斯呷了一口酒，狡黠地一笑，「嘿嘿嘿，李大猩他們的局長安排得實在太巧妙了。試問，有誰會想到蘇格蘭場會用運豬的貨卡來押送犯人呢？」

「說的也是，這招 **苦肉計** 確實難以識破。」華生說到這裏時，車速逐漸慢了下來，看似快要在下一個站停車了。

「唔？看來下一個站會停車呢。」福爾摩斯說，「待會下車看看站內有沒有小賣部，有的話，買些零食下酒也不錯呢。」

不一刻，火車已完全停了下來。然而，就在這時，火車的後方突然傳來「呼嚕──呼嚕──」的豬叫聲，福爾摩斯感到詫異，連忙探頭往車後看去。

「啊！」福爾摩斯不禁驚呼。

華生見狀，也慌忙把頭伸出窗外觀看，只見幾十頭 **驚慌失措** 的肥豬前赴後繼似的從貨卡跳下，走到在月台上亂竄亂撞。

「怎會這樣的？難道貨卡的門關不牢，讓肥豬逃了出來？」華生訝異地問。

「**糟糕！** 這個站是不停車的！」福爾摩斯猛地醒悟，「『豬卡』！犯人和李大猩他們坐的是『豬卡』！」

就在這時，兩個蒙面壯漢夾着一個矮個子從「豬卡」一躍而下，接着，他們已**一溜煙**似的往車站外奔去。

「那矮個子是桑茲！有人搶犯！」福爾摩斯叫聲未落，已迅即往車卡後方的門口衝去。華生見狀，也連忙跟上。

兩人一先一後衝到月台上，他們避開那些亂竄的肥豬追到車站外時，一輛接應的馬車已**絕塵而去**了。

「太可惡了！光天化日之下竟在我的眼皮下搶犯！」福爾摩斯高聲怒罵，但已**於事無補**了。

「李大猩和狐格森！」華生驚叫一聲，立即轉身往回跑。

「糟糕！他們一定遇襲了！」福爾摩斯也猛地回身一蹬，跟着華生向「豬卡」跑去。

當兩人攀上「豬卡」時，只見李大猩和狐格森已**東歪西倒**地躺在沾滿了**豬糞**的禾稈草上，看來早已被人打暈了。

「喂！醒醒！」華生連忙蹲下拍打兩人的面頰。不一刻，兩人很快就醒過來了。

「嗚……」李大猩摸着紅紅腫腫的下巴呻吟。

「**好痛啊！**」狐格森則按着肚子叫痛。

「搶犯！有人把桑茲搶走了啊！」福爾摩斯大聲問道，「怎會這樣的？」

「我也不知道啊。」狐格森苦着臉説，「剛才火車減速時，李大猩説可以在停站時透透氣，就叫我準備下車，怎知有兩個**蒙面人**突然跳進車卡……哎喲……肚子好痛……」

「怎麼了？説下去呀！」福爾摩斯追問。

「好痛……李大猩，你説吧。」

「嗚……」李大猩仍摸着下巴，「那蒙面的**大個子**好狠，我仍未反應過來，他已一拳打至，把我打得眼冒金星……嗚……痛死我了……」

「我還未清楚發生甚麼事，肚子已被踹了一腳，馬上昏過去了。」狐格森説罷，又「哎喲、哎喲」的叫痛了。

「看來只是皮肉之傷，應該沒有大礙。」華生安慰了兩人一下，轉過頭去向福爾摩斯問道，「桑兹被他的同黨搶走了，現在該怎辦？」

「還用問嗎？」福爾摩斯説，「當然是趕緊追蹤他們的去向，儘快把他們抓回來啦，否則我的酬金就**泡湯**了。」

「豈有此理！」李大猩用力地扭動了一下脖子，突然霍地站了起來，「**此仇不報非君子**！我一定要抓到那個蒙面大個子，狠狠地回敬他一拳！」

「對！」狐格森也忘記痛楚，霍地站起來叫道，「我也要**還以顏色**，狠狠地踹那小個子一腳！」

「很好！」福爾摩斯説，「這輛火車原定不停此站的，我們馬上到站內看看是否出了甚麼事故吧。」

「好！」李大猩和狐格森齊聲應和。

果然不出福爾摩斯所料，售票處的**職員**和站頭的**信號員**都被綁起來了，據他們説，都是那兩個蒙面漢幹的好事。可惜的是，他們由於太過驚恐，並沒有提供甚麼有用的線索。更糟糕的是，蒙面漢還把**電報機**打爛了，連發電報通知沿途小鎮追截的機會也沒有了。

不過，與運豬卡相鄰的三等卡有一位叫**麗絲**的女士，她不但説

31

出了有用的證言，還提出很好的建議。

「我看到運豬卡上有三個人衝下車，當中兩個是蒙面的，其中一個人的皮鞋上有**三點污跡**。啊，你問是哪一個嗎？是那個大個子。那三點是甚麼污跡？我也不知道啊，看來是**豬糞**之類的東西吧。呀！對了，那三點污跡呈**三角形**，就在那人右腳的鞋頭上。甚麼？電報機壞了嗎？用電話也可以吧？鎮上的戈特先生可以幫忙。他很有錢，我曾是他的家傭，知道他家裏裝了一台**電話**，據說用它可以與很遠的地方通話。」

「太好了！」福爾摩斯大喜，向麗絲女士問過地址後，馬上就與孖寶幹探和華生趕到戈特先生家。戈特先生也爽快，沒多問就借出了電話。

「**事不宜遲**，我立即通知附近小鎮的所有警局，叫他們在主要幹道**追截**！」李大猩抓起電話就說。

「不。」福爾摩斯卻說，「我們擾擾攘攘已過了差不多一個小時，他們也可能走小路，在中途成功攔截的機會微乎其微。」

「那怎辦？難得借到電話，難道不用嗎？」李大猩焦急地問。

「當然用，但不是沿途堵截。」福爾摩斯一頓，眼底閃過一下寒光，「那兩個蒙面人冒險搶犯，只是為了奪回珠寶，他們只會去**一個地方**，通知那個地方的警察就行了。」

「啊！拉科特鎮，桑茲把珠寶藏在拉科特鎮，我們通知拉科特鎮的警方就行了！」狐格森搶道。

「可是，拉科特鎮是個大鎮，馬路上必然**車水馬龍**，當地警方又如何識別蒙面人的馬車呢？」華生擔憂地問。

「華生，你又只是看，沒有觀察嗎？」福爾摩斯怪責道，「你和我一起親眼看着那輛賊車**絕塵而去**的呀。」

「啊？」華生有點難為情地問，「難道……難道你看到了車牌？」

「當然啦，車牌是**8331**。而且，賊車的輪子很特別，輪的圓邊**黑色**，但輪中的輻條卻是**白色**的，一眼就能分辨出來。」

「好眼力！」李大猩大讚一聲，馬上叫接線生接通了拉科特鎮警局的電話，在說明車牌、車輪的顏色和桑茲三人的特徵後，更向着話筒大聲補充，「記住！不要**打草驚蛇**，如果找到他們三個人，不動聲色地跟蹤就行了。待我們趕到後，再將他們**一網打盡**！知道嗎？」

狐格森待李大猩放下電話後，立即不客氣地質問：「為何不叫當地警方馬上進行拘捕？萬一被他們逃脫了怎辦？」

「你犯傻嗎？」李大猩兩眼圓瞪，「我們被搶犯啊，不親自把他們抓回來**戴罪立功**，一定會被調去那個地方曬太陽呀！」

「這！」狐格森想反駁，但馬上止住了。

華生心中暗笑，不用說，李大猩口中的那個地方，肯定就是**白金漢宮**的門口。

四人謝過戈特先生後，就馬上叫了輛馬車，直往拉科特鎮追去。

馬車上，福爾摩斯看到狐格森一面不服氣樣子，就打圓場說：「蒙面人夠膽在光天化日之下搶犯，行事必定心狠手辣。他們可能會把桑茲打得**死去活來**，逼他說出藏寶地點。所以，只要不動聲色地進行跟蹤，說不定會帶我們去找回**贓物**呢。」

「哼，這麼容易就好了。」狐格森仍不忿地說，「要是他們**捷足先登**，把珠寶搶走呢？那豈不是人財兩失？」

「你少擔心！桑茲那傢伙雖然**鬼鬼祟祟**的像個膽小鬼，其實也是一條漢子。」李大猩語帶怒氣地反駁，「你沒看到嗎？我狠狠地揍了他好幾回，他也不肯吐出半句真話，又怎會那麼輕易說出藏寶地點！」

「這麼說的話，跟蹤他們豈不是**白費氣力**，一點用處也沒有？」華生問。

李大猩鼻子裏「**哼**」了一聲，說：「這倒也不一定，桑茲也有他的弱點。」

「**弱點？**」福爾摩斯感到意外，「難道你們掌握了一些我和華生不知道的線索？」

「這個當然！你以為蘇格蘭場是吃素的嗎？本來不想說的，事到如今，告訴你們也無妨。」李大猩說，「桑茲在**拉科特鎮**出生，10多歲時因犯事被逐出家門，才被逼離鄉別井到倫敦去謀生活。他最初在餐廳廚房中當學徒，由於天生聰敏，很快就當上了**廚師**。他後來轉了幾次工，都是到有錢人家中打工，摸清情況後就進行盜竊。這次混進基茨夫人家中當廚師，也是同一手法。看來，他已加入盜竊集團，在同黨的協助下物色富有人家，然後以廚師身份犯案。」

「所以，你們懷疑他**私吞賊贓**後，為了躲避同黨和警方的追捕，就把贓物帶回故鄉收藏起來了？」福爾摩斯問。

「還用問嗎？一個人**走投無路**，就會往自己最熟悉的地方逃跑。」李大猩理所當然地說。

華生想了想，提出質疑：「就算拉科特鎮是他的故鄉，但他已離鄉多年，也不一定會把賊贓藏在那兒吧？」

「問得好！」狐格森說，「其實故鄉不是重點，重點是那兒有他的親人。」

「親人？誰？」華生問。

「他的媽媽。」

「啊！桑茲的**弱點**，難道就是他的**媽媽**？」福爾摩斯問。

「沒錯！」李大猩說，「我們把他押去拉科特鎮，就是要他在媽媽面前說出藏寶地點。」

「原來如此……在自己的媽媽面前，就算是**十惡不赦**的大壞蛋，也可能會軟化下來吧。」華生說。

福爾摩斯看了看李大猩，又看了看狐格森，以懷疑的口吻問道：「看樣子，你們害怕蒙面人也懂得抓着桑茲的這個弱點，逼他說出藏寶地點吧？」

「唔……這個……不好說呢。」李大猩側過臉，含含糊糊地嘟嚷。

「這……這個嘛……誰知道呢？」狐格森也別過臉去，不敢正面回答。

看到兩人的反應，福爾摩斯沒再追問下去，只是點燃煙斗，用力地抽了幾口，又深深地歎了一口氣。

華生也知道，再追問下去也沒用。他只是暗自**祈禱**，希望那兩個蒙面人**手下留情**，不會對桑茲的媽媽怎樣吧。

下回預告：桑茲重傷昏迷，其母道出事發經過，揭開桑茲不為人知的一面。福爾摩斯從她的片言隻字中，更推論出桑茲的藏寶地點——一個完全出乎眾人意料之外的地方！

洋流哪裏去？②

循環不止的深層洋流

上期説明了表層洋流，那麼深層洋流又是甚麼？

那跟海水密度差異有關，我們先來看看下面這個冰山吧！

在高緯度地區如北極或南極，表層海水因寒冷而長年結冰，但當中的鹽分卻沒隨之凝結，而是融入周邊未結冰的海水。這樣那些海水的鹽度與密度便會上升，並開始下沉，形成一條呈垂直流動的海流，這就是深層洋流形成的起因。

冰山

愈冷的海水密度愈高，反之亦然。

鹽分高的海水

深層洋流的形成與溫度和鹽度有關，所以又稱溫鹽環流。

深層洋流在海底緩緩擴散，往赤道地區流動，並逐漸變得溫暖。同時，風吹動表層海水時，深層海水就會上升以填補其空缺，這現象稱作湧升流。海水從表層下沉至深海、再回到表層的循環過程，平均需要500 至 2000 年才完成。

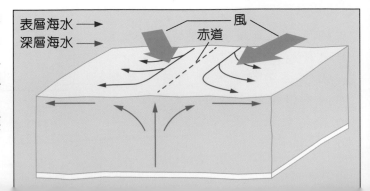
表層海水 →
深層海水 →
風
赤道

🌐 深層洋流示意圖

深層洋流始於北大西洋,當冰冷的海水沉到海底後,就流向南大西洋和印度洋。在經過太平洋一帶時,會緩慢上升成溫暖的表層洋流,並往北流動,再繞個圈回到大西洋,形成一個循環。

🌐 洋流的重要性

在接近赤道的低緯度地區,接收到的太陽熱輻射較散失的多,這與高緯度地區相反。如此一來,前者理應非常炎熱,後者則非常寒冷,但有賴於海水和風將熱力往他處傳遞,使全球溫度得以有效調節,而洋流的貢獻約佔整體熱傳遞的四分之一。

◀雖然南美東岸的里約熱內盧和西岸的亞力加同樣是沿海城市,但亞力加受太平洋寒冷的秘魯海流影響,里約熱內盧則臨近大西洋溫暖的巴西海流。於是里約熱內盧的氣溫總是較亞力加高 4-8 度。

> 深層洋流那麼重要,萬一它停止流動了…

> 過往曾發生過的呀。

🌐 新仙女木事件

科學家從地層中發現,只能在寒冷地區生存的植物仙女木,其花粉於 12000 年前曾短暫遍佈北半球。因此他們推斷那時期北半球的氣候變得非常寒冷,命名為新仙女木事件。

他們推測那是由於高緯度地區的冰川融化,大量淡水流進北大西洋,令海水的平均鹽度下降,無法下沉,阻斷了深層洋流,導致洋流無法調節全球溫度。此後地球約花了 2000 年才重新恢復深層洋流!

> 全球暖化也會導致冰川融化,大家要節約能源,不要讓新仙女木事件重演!

Photo Credit：Dryas octopetala 2003　by SiberianJay　CC BY-SA 4.0

▲仙女木及其生長環境

參加辦法
在問卷寫上給編輯部的話、提出科學疑難、填妥選擇的禮物代表字母並寄回,便有機會得獎。

把腦中的新奇想法拼砌出來吧!

A 水霧魔珠 角落生物特別版

排好圖案,再噴噴水,就能做出可愛吊飾!
1名

B LEGO® DOTS 41951 留言板

發揮創意,拼出圖案和字母,傳遞留言訊息!
1名

C 恐龍頭皮桶

皮桶內有 7 隻中恐龍、23 隻小恐龍及 14 件小配件,打造屬於你的恐龍樂園!
1名

D 大偵探福爾摩斯 實戰推理①&②

故事中配有相關謎題,考驗推理能力!
1名

E 復仇者聯盟水龍捲

超級英雄與水龍捲結合,感受大自然的威力!
1名

F The Great Detective Sherlock Holmes ④&⑤

困難生字附有中文解釋,在看故事之餘還能學習英文。
1名

G LEGO® City 60284 道路工程車及 30588 兒童遊樂場

拼砌出熟悉的生活場景!
1名

H 機動戰士 GUMDAM SEED DESTINY 模型

帥氣的可動模型。
1名

I 大偵探 福爾摩斯 DIY

根據內附紙樣製作出福爾摩斯小玩意。
1名

規則

截止日期:2月28日
公佈日期:4月1日(第216期)

★ 問卷影印本無效。
★ 得獎者將另獲通知領獎事宜。
★ 實際禮物款式可能與本頁所示有別。
★ 匯識教育公司員工及其家屬均不能參加,以示公允。
★ 如有任何爭議,本刊保留最終決定權。
★ 本刊有權要求得獎者親臨編輯部拍攝領獎照片作刊登用途,如拒絕拍攝則作棄權論。

第 210 期 得獎者

《兒童的科學》
創作組＝編
Yuthon＝插畫

誰 改變了 世界？

中華博物學家
沈括

「叔叔，午安。」一個聲音從房外響起。

沈括回過頭去，只見堂侄沈遼和沈述朝自己走來。

「噢，你們來了。」他笑道，「這次又帶甚麼來給我**見識**啊？」

「不敢當。」沈遼說，「只是叔叔留在家裏守喪，不便時常外出，就帶些有趣之物讓你解解悶罷了。」說着遞出一塊東西。

沈括接過一看，那是塊**硬黏土**，上面反刻了一個字，就好奇地問：「這印章頗特別，只是做得有些薄。」

「哈哈，那不是印章……」沈述轉念一想，又道，「啊，不，它的用法確與印章**別無二致**呢。」

「究竟是怎樣啊，阿述你說得**不清不楚**的。」沈括皺起眉頭，轉向沈遼道，「阿遼，你來說，這到底是甚麼？」

「其實那是印刷用的**字模**，由一個叫**畢昇**的工匠所製。」沈遼說，「之前他去世了，遺下這些東西。我們見其**特別**，就買下收藏起來。」

「印刷字模……」沈括看着手上的東西，又問，「知道怎樣印嗎？」

「聽說只要將那些字模排成一版，就能印出文章。」沈述說。

「排好字模便能印刷，還可隨時更改版面內容。如果只印幾版確實不大有用，但若印上數百數千版，其效率之高就**非同小可**……」

沈括若有所思地喃喃自語，「有必要查一下呢。」

事後他記下那些泥模活字印刷的方法，成為最早對畢昇創製**活字印刷**的記錄，並於晚年寫在其著名作品《夢溪筆談》。書中還記載了物理、數學、天文、地理、醫藥、生物、音樂、文學等多個領域的知識。

沈括之所以能涉足多個範疇，除了努力學習，亦因自小對四周事物懷有強烈的**求知欲**。

四處「飄泊」的童年

1032年（北宋仁宗天聖十年），沈括於杭州**錢塘**的官宦家庭出生，上有一個哥哥和一個姊姊。父親沈周曾擔任多個職位，故常被調至不同地方，於是沈括自小也隨其到處生活，從中看到許多有趣事物與風俗民情。例如他7歲時，跟隨父親到泉州生活，就間接見到一種**兇猛**的肉食生物……

「嘩！這就是**鱷魚**嗎？」小小的沈括看着眼前的畫歎道，「很巨型呢！」

「哈哈哈！對啊，差不多有一隻小船那麼大。」潮州知州*王舉直自豪地道，「當時我們釣起那條鱷魚時，簡直要出盡九牛二虎之力！」

「王大人**神勇過人**。」沈周佩服地説，「還畫出這幅《鱷魚圖》，為其作序，真是**文武雙全**。」

「沈大人過獎，只是手下人厲害而已。」王舉直哈哈大笑，「那些傢伙常在水邊出沒，若有大野豬或鹿等動物經過，就會用那鋒利的牙齒狠狠咬住，再拖到水中**大快朵頤**，有時連人都不放過呢！」

沈括聽到後並不害怕，反而**興致勃勃**地問：「牠們那麼兇惡，要怎樣捕捉啊？」

「依據本地人所説，把一整隻大豬鈎在木筏後，讓牠隨水而流，當鱷魚游來咬噬時，就趁機將之擊斃。」

「嘩，很厲害啊！」

後來沈括將此事連同鱷魚的**外形**、**顏色**、**習性**等都記下來，日

*知州就是一個州份的行政長官。

後收錄於《夢溪筆談》內。

另外，他對大自然景象也充滿**好奇心**。後來他跟著家人搬到首都開封居住，一年冬天出外遊玩時，發現水渠中的水都結冰了，其**冰晶紋樣**猶如花果林木一般，非常漂亮，遂記錄了那個情景。

Photo credit: "Ice crystals on the box" by Brocken Inaglory / CC BY-SA 3.0

↑冰晶由多層六邊形網格狀水分子組成，可呈現多種形態，如六角柱狀、針狀、枝狀等。

另一方面，他亦勤奮好學，**博覽羣書**，汲取各方面的知識，可惜用功過度，加上自小體弱多病，以致患上眼疾及頸痛，須四處**延醫治理**。不過他沒有自暴自棄，反而趁此機會向醫師習得一些醫理與藥學。

沈括到18歲時就寄住於母舅家，兩年後因父親沈周病逝，須回故鄉錢塘**守喪**三年。其間，他常去了解當地文物古跡、創造發明等。如開首所說，當他看到畢昇遺下的**泥活字**，就燃起旺盛的求知欲，加以查探和研究這種新印刷方式。

早於唐代，人們已利用**雕版印刷**書籍。先將整頁字句雕刻在木板，然後上墨、覆上紙張，再壓印出內容。雕版印刷雖比抄寫快，但亦有其缺點。若板中出錯，整塊就須重新雕刻，令成本增加。另外，若印刷量增加，木板容易損壞，須不斷更換，**費時失事**，難以大量印刷，令知識流通受限。

到北宋慶曆年間 (1041-1048年)，工匠畢昇創製出活字印刷，其工序如下：

❶ 在一塊薄黏土上刻出一個字，猶如雕刻印章一般，造成字模 (泥活字)。

❷ 把那些字模放到窰內燃燒，使其變得**堅硬**。

❸ 準備一塊鐵板，在上面塗抹由松脂、紙灰等調製而成的藥。然後放上一個鐵模框，再按所需內容，排入字模。

❹ 把整塊鐵板放到火上**烤烘**，令藥物稍為融化，亦使字模較牢固地黏於鐵板。

❺放置一塊平板按住字模，使其**平整**，以製成印板，這樣就可用來印刷了。

利用此法，在印刷一頁後，只要更改字模排列或加入新字就能砌成另一頁，毋須雕刻整版才能開始。遇有錯漏或字模崩損，只需更換該字模即可，不用重新雕製整頁。這樣更**方便快捷**，且易於大量印刷。

畢昇死後，活字印刷的技術並沒傳給其後代。而那些活字字模則被沈家子弟收藏保存，讓沈括得悉這種劃時代的印刷方法，並作分析記錄，及後更將其**發揚光大**，時人稱作「沈存中法」*或「沈氏活版」。

康莊仕途

沈括在家守喪三年後，靠着父親的恩蔭*謀得一份差事，擔任海州沭陽縣*的主簿*。其間他表現出色，次年更攝代縣令一職，肩負**疏浚**沭河*的工作。

由於沭河水常夾雜大量泥沙，令河道淤塞，以致洪水季節來臨時，容易造成水災。而前任沭陽縣令因**處理失當**，還使參與治水的民工**怨聲載道**，憤而反抗，朝廷只好任命沈括主持疏浚工作。

當時沈括先查探民憤出現的原因，再制定對應策略，令民工願意恢復工作，重新**疏通河道**。另外，他又下令建築多道防洪堤和堤堰，並開闢近百條灌溉渠，改良河岸土地，以新增大量良田，從而改善當地農業，令百姓**安居樂業**。

在沭陽縣工作數年，沈括有感自己須在仕途更上一層樓，於30歲時寄居於兄長家中讀書，準備**應考科舉***。那時，日間他發奮讀書，夜裏竟在夢中遇上**奇事**。

據說他多次夢到自己身處一個美麗的地方。那裏有個小山坡，上

*古人除了有「姓」和「名」，還會替子女取「字」。「存中」則是沈括的「字」。
*恩蔭是中國一種變相的世襲制度，若為官的父輩對朝廷有功，其子弟在入仕(當官)方面可享有特殊待遇。
*沭陽縣位於今日江蘇省北部。沭讀作「述」。
*主簿是中國古代文官的其中一個職位，主管文書印鑑、起草文件、編修檔案等，類近現今的秘書。
*沭河，或稱沭水，位於山東省南部和江蘇省北部。
*科舉是中國古代的考試制度，於公元6世紀的隋代出現，一直持續至清代末年(1905年)結束，是古代政府提拔人材、選任官員的重要方式。明代科舉從下而上大致分為童試、鄉試、會試、殿試四級，考生須於每一試中獲得取錄，始能投考下一級的考試。

覆各種花草樹木，猶如織錦一般。山坡下有一泓碧水，非常清澈，旁有喬木遮蔭，**景致怡人**。夢裏的他十分快樂，醒來後一直記掛着，甚至想到將來一定要住在那種地方。當時他還未知道，日後真的會**夢想成真**！

經過兩年努力，他赴京參加考試，結果考獲進士[*]，獲任揚州司理參軍[*]。如往常一樣，他仍細心留意着大自然的「舉動」，譬如某天得悉鄰近的常州發生了一件天文異事……

嗖隆隆隆——

一陣巨響從天空自遠而近傳來，人們抬頭一看，竟是一顆巨大的「**流星**」劃過天際！

「哇！」

「這是甚麼？」

「是掃帚星啊！」

「好像往宜興縣那邊飛去！」

正當他們驚恐地**議論紛紛**，未幾就聽到西南方傳出轟然巨響，看來「流星」墜到地面了。

原來它落在宜興縣一戶人家的園子裏，形成一個約有三尺深的洞。當地人從洞中挖出一塊球形**隕石**，約有拳頭般大小，一端稍為尖銳，其顏色和重量如鐵一般。

沈括知道事件後，便記在簿上，成為中國隕石墜落的其中一項重要紀錄。

在揚州任職數年，一個**晉升**的機會終於到來。34歲的沈括獲薦到首都昭文館[*]擔任編校，得以從中閱讀皇室典籍，尤好天文曆法等知識。

另外，他又夜觀天象，再比對曆法，察覺當中多有**錯誤**。例如曆法推算某一天文現象的發生日子竟與實際時間**不吻合**，有的甚至相差30天以上，令他逐漸萌生**改訂曆法**的念頭。

上察天文，下探地理

沈括在首都生活數年，逐漸安定時，卻傳來母親逝世的噩耗。他

---

[*]在中國古代的科舉考試制度中，若通過最後一級中央考試的人，就稱為進士。　[*]司理參軍，掌一州的刑獄訴訟之事。
[*]北宋時，朝廷於首都汴京(即今日開封)設立「三館」——昭文館、史館、集賢院，以備藏天下圖書，後賜名「崇文院」。

立即辭官回鄉丁憂*，直至三年後服喪期滿，才回歸朝廷工作。那時正值宰相王安石*推行變法新政，沈括加入其**改革**行列，而首個任務就是**疏浚**首都的汴河*。

他運用以前疏浚沭河的經驗，加上卓越的地理測量知識，先**丈量**汴河兩岸的地勢高低、水流緩急、河床深淺等，計算各位置的水平高度差，再作應對，成功解決汴河多年淤塞的問題。

此後他獲天子賞識，受命整頓**司天監***。其間他裁汰冗員，又改良天文儀器如渾天儀、以水滴計算時間的浮漏等。另外，他任用有豐富天文與數學知識的衛朴*，重新**測繪**月亮的運行軌跡，修正誤差，並一起**編修**新曆法──《奉元曆》。

中國傳統以陰陽合曆為準，所謂「陰」就是把月份日子按**月相**(月亮在夜空出現到消失)周期計算；而「陽」則是將年份以地球繞太陽**公轉**一圈的時間制定，並劃分成24個部分，成為「二十四節氣」*，下分12個節氣和12個中氣。可是，沈括卻對這種計算方式**不以為然**。

這是因為日月的**周期不一**，地球繞太陽一周需時約**365日**；至於月相周期則約為29.5日，所以經過一年就有29.5日 × 12個月 = 354日。由此可見彼此日數有頗大差距，須加上閏月盡量保持平衡。

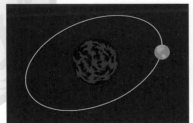

↑地球繞日一周需時約365日 　↑月相循環一次需時約29.5日

晦　朔(新月)
殘月　　眉月
下弦月　　上弦月
滿月

然而，隨着時間流逝愈長，節氣與月份就愈**不合配**。例如人們多以二月至三月為春天之始，不過在陰陽合曆下，有時「立春」卻在一月，甚至是去年十二月，並不合理。由於農民按二十四節氣從事農耕工作，若節氣與月份不合，便影響農事與生活各方面的安排。此外，以兩種方式計算曆法，十分**繁複**，更容易**出錯**。

*丁憂，或作丁艱，是指遇上父母等直系長輩去世之事。為子女須在家守喪三年，其間不做官、不婚娶、不應考、不赴宴。
*王安石 (1021-1086)，北宋著名的文學家與政治家。　　　　　　　　*汴河，位於今日河南省開封地區。汴讀作「辨」。
*司天監，中國古代的官職，主掌觀測天文、制定曆法等工作。　　　*衛朴，淮南人，北宋的數學家與天文學家。

*二十四節氣，即立春、雨水、驚蟄、春分、清明、穀雨、立夏、小滿、芒種、夏至、小暑、大暑、立秋、處暑、白露、秋分、寒露、霜降、立冬、小雪、大雪、冬至、小寒、大寒。

故此，他提出直接以**12個節氣**劃分一年，以立春為第一個月的首日、驚蟄為第二個月的首日，**如此類推**。另外將12個月分成大與小，大者31日，小者30日。這樣既易於計算，也毋須加入閏月。

節氣	日數	節氣	日數
立春	30	立秋	30
驚蟄	31	白露	31
清明	30	寒露	30
立夏	31	立冬	31
芒種	30	大雪	30
小暑	31	小寒	31

換句話說，沈括提倡只使用**陽曆**，其劃分方式甚至比現今的格里曆（新曆）合理。可惜其建議被當時的保守派官員**非議**，而《奉元曆》在數年後亦被另一新曆法取替。不過，他仍認為未來終有一日，世界會**認同**自己的方法。

另外，沈括對地理研究也頗有見地。在整頓司天監後，時年42的他到兩浙地區*察訪農田水利。途經**雁蕩山***時，見當地巨巖挺立，還有許多大大小小的水潭和彎形谷穴。細看之下，他發現那些景觀都有被水侵蝕的痕跡，由此推斷山谷中的泥沙該是不斷被水沖去，逐漸演變成那種奇特地貌。這種水流侵蝕的觀點與同時代的阿拉伯科學家阿維森納*相似，更比西方早了七百年。

此外他在次年奉命察訪河北時，看到**太行山***的山壁嵌有許多**螺蚌貝殼化石**，就估計遠古時那裏本是海邊，只因周邊河流水內夾雜大量泥沙，**日積月累**堆積出大片陸地。他繼而指出附近的華北平原亦由泥沙沉積而成，遂有「**滄海桑田**」的變化。

此外，沈括那豐富的地理及測量知識亦展現於**地圖製作**。1075年，他奉命出使遼國為疆界爭端進行談判後，就再度察訪河北，檢視邊防。為方便查考，他先實地調查附近的山川地勢，再以木屑與熔蠟按比例製作出**立體地圖**。次年又開始蒐集資料，準備以更精確比例繪製多幅包攬北宋及其周邊形勢的《守令圖》。

夢溪著書

正當沈括**平步青雲**之際，卻因王安石那備受爭議的改革方案而捲入風波。後來王安石被罷免，46歲的他亦一度被貶至宣州*。不過所謂「**塞翁失馬，焉知非福**」，就在他失意之時，卻湊巧尋到其理想居所。

*兩浙即今日浙江省與江蘇省南部。　　*雁蕩山位於今日浙江省溫州市。
*阿維森納 (Avicenna，980-1037年)，塔吉克自然學家、哲學家、醫學家與文學家。
*太行山，跨越河北、山西、河南等省，是中國東部的重要山脈。　　*宣州位於今日的安徽省。

據說一天沈括遇上一個道人，對方讚歎潤州京口*的山川景色優美，乃**宜居之地**，又提到附近市鎮有一處園地待售，問他有否興趣購置。沈括心念一動，便以三十萬錢買下該處，只是當時身繫公務，並未親身前往察看，不久也忘掉此事。

數年後他復得重用，參與西夏攻伐戰事，可惜最後**功敗垂成**，結果再被**貶謫**，輾轉之下來到潤州。當時他已年近60，身心俱疲，突然想起多年前在附近買下的園地，遂到那裏一看，赫然發現與當年自己夢中所見之處**一模一樣**，不禁歎道：「原來是這裏啊。」

於是，他決定在當地建房子，作為終老之處，並把流經園地的小溪命名為「夢溪」。

之後，沈括開始整理自己半生記錄的資料，寫成筆記式著作《**筆談**》。後世多加上「夢溪」二字，以與其他同類作品有所區別。

《夢溪筆談》全書26卷，另有《補筆談》3卷及《續筆卷》1卷，共584條內容，包含**林林總總**的見聞和知識。當中有四成涉及多個科學領域，如天文、地理、數學、物理、醫藥、樂律、氣象、化學、兵器、建築、水利、動植物等。

書內有許多記載都甚具**創見**，譬如沈括提到將磁石磨成針以製成指南針後，卻發現磁針常稍微偏向東面，並非完全指向南方，成為世界首個提及**地磁偏角**的紀錄。

↑地磁偏角就是地球磁北與正北之間的夾角。地球就像一塊大磁鐵，南北兩端分別是N極和S極。另一方面，地球自轉軸的方向卻非完全垂直，而是稍為傾斜，使南北極並不處於球面的南北兩端，於是造成偏差。

另外，沈括在書中將一種古代稱作「脂水」的燃料命名為「**石油**」，現在人們皆沿用其名。他又提出可用石油製墨，更預料該物日後必大行其道。雖然那只是專指**造墨**，但從現代石油的重要性與廣泛用途上，沈括的「預言」的確成真了呢！

《夢溪筆談》自問世後深受歡迎，多次刊刻印製。雖然有人批評該書只屬**零碎**的筆記式記載，缺乏系統而深入的鑽研，但無可否認它是研究中國古代科技史的珍貴資料。

*潤州位於今日江蘇省鎮江市，而京口則是當中的京口區。

展現中國科技成就！創科博覽 2022 回顧

以「科技引領未來」為口號的「創科博覽 2022」，已於去年 12 月 12 日至 21 日順利舉行。博覽展示了中國於「十三五」期間的重大科技成就，吸引近數十萬人進場。現在讓我們看看中國於航天、陸地、深海科技有何突破吧！

航天

▶「天問一號着陸平台」於 2021 年 5 月成功着陸火星，為中國首次登陸這顆紅色星球。其任務飛行過程包括發射、火星捕獲、火星停泊、離軌着陸和科學探測等六個階段，以實現火星環繞、着陸和巡視探測的目標。

◀「祝融號」是中國首輛火星探測車，主要任務是探測火星的形貌與地質結構，以及尋找水冰資源。它以太陽能為動力，設計壽命為 90 天，但現已運作超過一年半，最樂觀估計可運作十年。

陸地

中國自主研發的高速磁浮列車於 2021 年在青島啟用，為全球最快的地面交通工具。一般高鐵時速約 350 公里，飛機時速則約 800 公里，而磁浮列車 600 公里的時速，能有效地填補中間的交通工具空白，滿足現代人多元化的出行需要。

深海

2020 年，中國載人潛水器「奮鬥者」成功下潛到有「地球第四極」之稱的「馬里亞納海溝」中的「挑戰者深淵」。該處水深近 11000 米，為地球海洋和地表的最深處。「奮鬥者」讓 3 名潛航員在海溝底部進行 6 小時的科學研究及採樣工作，為當前國際惟一能同時帶 3 人多次往返全海深作業的載人深潛裝備。

大偵探福爾摩斯
皇后號遇難記

「沒想到我這輩子……居然可以在郵輪上吃免費大餐……」華生摸着他吃得**脹鼓鼓**的肚子，滿足地說。

「感謝我吧，華生。」坐在餐桌對面的福爾摩斯呷了一口紅酒，一臉神氣地說，「全靠我拿到『親子度假遊』英法郵輪套票，你才能在這艘**皇后號**不費分文地享受美食啊！」

「哼，套票是客戶送的，你只是**借花敬佛**罷了。要不是我發現票上寫明必須**小孩同行**，你來到時連船也上不了呢。對了，

說起來，那兩個小傢伙到哪去了？」

一講曹操，曹操就到。

餐廳門口傳來興沖沖的腳步聲，兩個小孩**興高采烈**地跑了進來。不用說，他們就是我們熟悉的小兔子和愛麗絲。

「太棒了！雜耍和魔術表演讓我看得眼珠也快掉下來了！」小兔子**手舞足蹈**地說，「你們卻只顧吃，沒看表演實在太可惜啦！」

「是啊！那位魔術師太厲害了！看！這朵**玫瑰花**就是他從小兔子的耳朵中拔出送給我的！」愛麗絲興奮莫名地炫耀她胸前的**花飾**。

「噓，安靜點。這裏是餐廳，吵吵鬧鬧的，成何體統。」福爾摩斯皺起眉頭低聲罵道，「早知這樣，就不帶你們來了！」

「嘿，沒我們兩個，你也登不了船呢。」愛麗絲**反唇相譏**。

「對！對！對！」小兔子也助威，「全靠我們，你才能來玩呀！快感謝我們吧！」

「甚麼？」福爾摩斯被氣得**七孔生煙**。

愛麗絲丟下福爾摩斯不理，向華生問道：「我們還有多久才到法國馬賽？」

「你太心急了，才起航幾個小時，我們還沒離開英國海域呢。」華生掏出導遊手冊，指着上面的歐洲地圖說，「這艘船會中途停靠西班牙，然後繞過──」

他還沒說完，身後就突然傳來水手的大喊：「各位乘客！發生**緊急事故**，請馬上帶同行李前往甲板！我們要乘救生艇離開本船！」

半個小時後，乘客們已爭先恐後地擠進了甲板，在二月的寒風中輪候救生艇。

「可惡，這麼快就要下船！」

「早知如此，就先吃一頓大餐啦！」

「都怪你，拉我去看表演，害我沒飯吃！」

「甚麼？是你硬要跟着來的呀！」

小兔子和愛麗絲坐在行李箱上，**你一言我一語**地爭執起來。

「還在鬥嘴！安靜一點等候好嗎？」福爾摩斯罵道。

「算了，由得他們**狗咬狗骨**吧。」華生把福爾摩斯拉開，低聲勸道，「他們兩個一旦安靜下來，反而會喊肚子餓，到時更麻煩啊。」

「有道理，到時肯定煩死了。」福爾摩斯說完，就和華生悄悄地走開，向船長打聽了一下郵輪的狀況。原來，郵輪下層的煤倉**失火**，火勢蔓延至機房，幸好及時發現把火撲滅了，但發動機卻因此故障了。

「郵輪上有技師呀，馬上修理一下不就行嗎？」大偵探問。

「是的，不過……」胖墩墩的船長神色凝重地壓低嗓子說，「上個月曾發生了一宗郵輪**沉船事故**，你們知道嗎？」

「知道呀，報紙上說死了數百人。但跟我們這艘郵輪有甚麼關係？」華生有點擔心地問。

「本來沒有甚麼關係的，但那事故太嚇人了，船東已變成**驚弓之鳥**，一聽到失火就寧可中斷行程，也要確保乘客的安全。」

「安全第一是對的，那麼，救生艇會把我們送到哪裏去？」福爾摩斯問。

「我看過地圖了，距離這兒不遠有個不大不小的**島**，安全登陸是沒問題的。」船長頗有信心地說。

一如船長所料，救生艇載着乘客，很快就在一條**漁村**安全登陸。不過，我們的大偵探一踏上岸就消失了。華生正在納悶福爾摩斯去了哪裏時，卻又見到他走了回來，並急急地走到胖船長面前說：「有一個**壞消息**和一個**好消息**。」

「甚麼壞消息？」船長吃驚地問。

「這個島兩天後才有一班船去倫敦，就是說，我們必須在島上**住兩天**。」

「那麼好消息呢？」船長問。

「附近有幾間旅館，現在是**淡季**，房間都空着，足以**收容**全部乘客。而且，其中一間還可收發電報。」

「太好了！」船長鬆了一口氣，「我馬上去發個電報，通知公司這邊的情況吧。」

一個小時後，船公司發來回電，決定承擔乘客在島上滯留的所有開支。乘客們雖有怨言，但也**無可奈何**地接受安排，住進了島上的旅館。不過，當地旅館能在淡季中接下這宗大生意，簡直就等於**天降橫財**，於是紛紛把正在休假的員工也召了回來。一時之間，這個偏僻的小漁村已忙得不可開交。

小兔子和愛麗絲在旅館放下行李，馬上就拉着福爾摩斯和華生走進樓下的餐廳。

「我快要餓扁了！」小兔子一坐下來就嚷道。

「是啊！快點餐吧！」愛麗絲說着，向走過來的侍應說，「我要一客**牛排**，大份的！」

「我要特大份的！」小兔子也叫道。

「這個……」侍應語帶歉意地說，「很抱歉，我們只有**三明治**。」

「甚麼？只有三明治？」小兔子生氣地說，「這還算餐廳嗎？」

「哼！一定是想欺負遊客，先說沒有，然後再抬高價錢來賣吧！」愛麗絲**憤憤不平**地向我們的大偵探說，「福爾摩斯先生，你出手的時候到了！」

「我出手？出甚麼手？」

「有錢使得鬼推磨，當然是拿錢出來啦。」愛麗絲說，「快付錢給我叫一客牛排吧！」

「我要特大份的！」小兔子也嚷道。

福爾摩斯還未說話，那個侍應已**慌忙**說：「小姐，非常抱歉，有錢也沒用，敝店真的沒有牛排。」

「真的沒有？為甚麼？」愛麗絲並不相信。

「還用問嗎？」福爾摩斯沒好氣地說，「現在是**淡季**，旅館本來是**休業**的，突然來了這麼多遊客，能提供三明治已算不錯了，哪來牛排啊。」

「這位先生說得對，其實……」侍應有**難言之隱**似的，只是看了看生着火的壁爐，不敢再說下去。

「唔？」福爾摩斯問道，「你們不會是連**木柴**也不夠吧？」

「這個嘛……先生說對了，確實連木柴也不夠。」侍應**吞吞吐吐**地說，「恐怕……各位要忍受一個寒冷的晚上了。」

「甚麼？」愛麗絲驚呼，「我最怕冷，怎麼辦啊？」

「不用怕，找一張**報紙**吧。」小兔子說。

「找一張報紙？你開甚麼玩笑？」愛麗絲不明所以，「看報紙能取暖嗎？你是否以為自己懂得變魔術？」

「嘿，果然是**嬌生慣養**的小姐，連這點也不懂。」小兔子說，「不是叫你看報紙，是叫你把一張報紙夾在內衣上面，再鑽進被窩中，就足夠熬一個晚上啊。」

侍應聞言，馬上去找來一份張報紙，說：「這份雖然是本島的地區小報，但開紙八大張，足夠各位四個人用。」

「謝謝。」福爾摩斯接過報紙。

「甚麼？」愛麗絲瞪大了眼，「小兔子只是**順嘴胡謅**，你也當真嗎？」

「不，他說得也有點道理，但那只是露宿街頭的**救急手段**。」福爾摩斯狡點地一笑，「不過，報紙卻可幫助我們找到更佳的取暖方法。」

「不會吧？」華生也感到訝異。

「嘿嘿嘿，你們看。」說着，福爾摩斯指着報上一則**廣告**。

華生湊過去看，只見廣告上寫着「本公司煤炭燃油大減價，貨源充足大量供應」。

「啊！我明白了！」華生**恍然大悟**，「你是要去這家燃油批發公司**買煤炭**。」

「正是。既然是批發公司，應該有貨足夠我們用兩天吧。」

「可是，這家公司在本島的另一邊。」侍應**面有難色**，「要去的話，必須徒步翻山過去，很難把大量煤炭運過來啊。」

「那麼，你們平時怎樣過去？」福爾摩斯問。

「平時都是僱漁船過去的，但很貴啊。」

「那麼就**僱船**吧，反正船公司會付錢。」

與胖船長商量後，福爾摩斯和華生僱了 27 隻小漁船，**浩浩蕩蕩**地出發。小兔子和愛麗絲當然不會放過乘漁船的機會，也就跟着來了。

27 隻小漁船**乘風破浪**地前進，不到 30 分鐘就開到島的另一邊，找到了那家坐落在碼頭旁邊的燃油批發公司。

「啊？你們的郵輪發生故障，幾百個乘客要在島上滯留兩天，所以需要大量煤炭嗎？」龜老闆摸摸下巴，眼珠子一轉，「好！**120 鎊**吧。」

「120 鎊？甚麼意思？」華生問。

「還用問嗎？當然是煤炭的費用呀。幾百個乘客取暖兩天，要用很多煤炭啊。」

「但在物價最貴的倫敦購買，也不用**50 鎊**吧？」華生**質疑**。

「嘿嘿嘿，我們的煤炭是從內陸運來的啊，加上運費，當然要比倫敦貴了。」龜老闆聳聳肩，「嫌貴的話，你們可以去別家買啊。」

「這不是**趁火打劫**嗎？」愛麗絲率先發炮。

「對！是**乘人之危**！」小兔子也罵道。

「呵呵呵，罵得好兇呢。」龜老闆笑了一下，然後下逐客令，「不買的話，請回吧。」

福爾摩斯見狀，慌忙對小兔子和愛麗絲說：「別吵吵鬧鬧好嗎？價錢就由我來談吧。」

說完，他轉個頭去，好聲好氣向龜老闆說：「價錢有點貴，可否——」

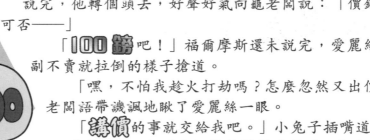

「**100 鎊**吧！」福爾摩斯還未說完，愛麗絲已擺出一副不賣就拉倒的樣子搶道。

「嘿，不怕我趁火打劫嗎？怎麼忽然又出價了？」龜老闆語帶譏諷地瞅了愛麗絲一眼。

「**講價**的事就交給我吧。」小兔子插嘴道。

「嘿嘿嘿，小朋友好像很懂得講價呢。你出甚麼價？」龜老闆笑睞睞地問。

「200鎊！」小兔子神氣地説，「一分錢也不能再多了！」

「傻瓜！」福爾摩斯慌忙罵道，「人家要價120鎊，你怎麼會自動提價200鎊？這還算講價嗎？」

「哈哈哈，這個小朋友太好玩了。」龜老闆大笑幾聲，忽然又停下來想了想，「既然玩得這麼開心，不如再玩大一點吧。」

説完，龜老闆慢條斯理地領着眾人走進一個面向碼頭的貨倉，並指着倉內**堆積如山**的圓形鐵罐説：「這裏共有**189罐**燃油，分成大中小三批，各佔**63罐**。大的容量是**13升**；中的**12升**；小的**11升**。」

「那又怎樣？」福爾摩斯問。

「我的煤炭可以低於市價，以30鎊賣給你們，但有兩個條件。」龜老闆伸出兩根指頭，狡猾地笑道，「首先，你們要把這189罐燃油，幫我免費運到漁村的碼頭。其次，你們那27隻漁船，每隻的**運油量**和**罐數**都必須**相同**。」

「甚麼？」小兔子和愛麗絲都聽不明白。

「連這麼簡單的數學題都不懂嗎？」龜老闆譏笑，「那麼，就不要學人來講價啦。」

「嘿嘿嘿，這位老闆真有趣。」福爾摩斯冷冷地一笑，「華生，你就和老闆玩玩，破解這條運油題吧。」

「我？」華生一怔，在眾人的目光下，只硬着頭皮地邊數指頭邊説，「**189罐**……**27隻漁船**……189罐÷27隻船=7罐，即是説，每隻船要載**7罐**。但燃油罐分大中小三種不同容量，應該怎樣分配，才能把燃油平均分到27隻船上呢？」

「怎樣？算出答案了嗎？」福爾摩斯催促。

「這個嘛……」

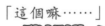

「**我知道！**」小兔子突然搶道。

「你知道？」愛麗絲不敢相信。

「答案就是——」小兔子煞有介事地一頓，然後理所當然似的説，「**付200鎊吧！**付了錢就不用計數那麼麻煩啦！」

眾人聞言，兩腿一歪，幾乎同時摔倒在地。

「傻瓜！」福爾摩斯罵道，「你不要再出聲好嗎？」

「嘿嘿嘿，這個小朋友説得對啊。」龜老闆冷笑道，「付了錢，就不用**白費氣力**計數了。」

「是嗎？」福爾摩斯回以冷笑，「以我看來，**不費吹灰之力**，就能破解這條數學題呢。」

「真的？」華生連忙問道，「怎樣破解？」

「化繁為簡，先把**189**、**63**和**27**三個數目**簡化**吧。」福爾摩斯説。

「簡化？怎樣簡化？」愛麗絲問。

「你在小學應該學過**因數**吧？」

「學過啊，那又怎樣？」

「189、63 和 27 的**最大公因數**是多少？」

「最大公因數嗎？」愛麗絲想了想，「是 **9**！因為這三個數目都可以被 9 整除。」

簡化？

「答對了。利用最大公因數，就能把大的數目加以簡化，就像這樣——」福爾摩斯說着，掏出記事簿寫出以下圖表：

原有的數目		按相同比例減少	簡化後的數字
燃油罐總數	189 罐	189÷9	21 罐
每種容量的燃油罐數	63 罐	63÷9	7 罐
小漁船總數	27 隻	27÷9	3 隻

「我懂了！」愛麗絲雀躍地說，「你把難題簡化成：總計 **21 罐油**，每種容量各 **7 罐**，而漁船則只有 **3 隻**。」

「不僅如此，連三種不同的『**容量**』也要**簡化**，像這樣——」

說着，福爾摩斯又在記事簿寫下一個小圖表：

原有的容量	簡化後的容量
13 升	3 升
12 升	2 升
11 升	1 升

「簡化後，變成 **3 升裝**、**2 升裝**及 **1 升裝**的燃油罐各有 **7 罐**，這確實比剛才易看多了。」華生說。

小兔子問：「可是，接下來又要怎辦呢？」

這時，華生瞥見，本來神態自若的龜老闆已流下了幾滴**冷汗**，看來他已有點着急了。

「對，接下又該怎辦呢？」福爾摩斯狡黠地一笑，然後走到倉庫的門口，指着一排排地停泊在碼頭的小漁船說，「看，我們的 27 隻漁船都準備好了，只要把它們**分列成三組**，不就輕易找到答案了？」

「啊！我明白了！」愛麗絲恍然大悟，她興沖沖地走到大偵探身旁，取過記事簿和筆，在上面寫寫畫畫，工整地畫出三行圓圈，第一行畫了 **7 個③**，第二行畫了 **7 個②**，第三行畫了 **7 個①**。

③ ③ ③ ③ ③ ③ ③
② ② ② ② ② ② ②
① ① ① ① ① ① ①

由於每隻船須放 7 罐油，所以，只要在圖中加上 2 條曲線，把 21 個圓圈分成三等份，每份有 7 個圓圈，而圈內加起來的數字都相等，就知道每隻船的載油量了。

難題：福爾摩斯在愛麗絲畫的圖上加上 2 條曲線，便成功計算出每隻船的載油量了。你又懂怎樣畫線嗎？此外，通過這個計算，最終又如何按龜老闆的要求，把燃油運到漁村去呢？

（答案在 p.54）

「怎樣？你可要守諾言啊，龜老闆！」愛麗絲把算出來的結果遞上，**得意揚揚**地說。

「這……」龜老闆擦了擦額上的冷汗，不知道該如何回答。

「龜老闆，我知道你只是想和小朋友玩玩罷了。」福爾摩斯為免有傷和氣，就**打圓場**道，「不如這樣吧，我

們照市價**50鎊**買下煤炭。那189罐燃油，就留待你自己處理，好嗎？」

「啊……」龜老闆呆了一下，最後**垂頭喪氣**地說，「好的，就按你的意思去做吧。」

兩個小時後，27隻小漁船載著煤炭，又**浩浩蕩蕩**地回到了漁村。

大偵探一行四人順利完成任務，胖船長非常高興，特別從農家買來食材，請四人吃了一頓熱騰騰的牛排和烤雞大餐……

難題答案

只須如下劃上曲線，就能劃分出每隻船載14升的組合。

甲船： 3 x 3 + 2 x 1 + 1 x 3 = 9 + 2 + 3 = 14	乙船： 3 x 2 + 2 x 3 + 1 x 2 = 6 + 6 + 2 = 14	丙船： 3 x 2 + 2 x 3 + 1 x 2 = 6 + 6 + 2 = 14

把簡化後的容量還原回13升、12升和11升，再代入以上「甲船、乙船、丙船」中，便可知道每隻船載7罐油，載油容量皆為84升。

由於實際上有27隻船，只須把它們分成甲、乙、丙三組，每組9隻，每隻載7罐油，就可把189罐油運完。

甲組：(3罐x13升 +1罐x12升 +3罐x11升) × 9隻船 =756升
乙組：(2罐x13升 +3罐x12升 +2罐x11升) × 9隻船 =756升
丙組：(2罐x13升 +3罐x12升 +2罐x11升) × 9隻船 =756升
　　　　　　　　　　　　　　　　三組合計共2268升

由於龜老闆出題時說過：「共有189罐燃油，分成大中小三批，各佔63罐，大的容量是13升；中的12升；小的11升。」所以，換成算式的話，就是——

大：63罐 x13升 =819升
中：63罐 x12升 =756升
小：63罐 x11升 =693升

三者合計正是2268升，與上述結果一樣，證明福爾摩斯計法是正確的。

2023 年香港十大天文現象

KC 天文教室

農曆新年之始，今期為大家介紹 2023 年香港肉眼可見的十大天文現象。若用小型望遠鏡或雙筒望遠鏡來觀賞則更精彩。它們全都不容錯過，大家記得把握機會！

梁淦章工程師
香港天文學會
太空歷奇

2月1日——
C/2022E3 彗星

這顆 2022 年 3 月新發現的彗星在今年 1 月 12 日通過近日點，至 2 月 1 日最接近地球，亮度最大（預計 4.7 等）。能以雙筒望遠鏡向北面星空觀察，甚至僅憑肉眼也有機會看到。

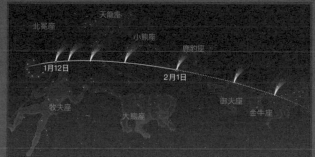

2023 年最小與最大滿月模擬圖
視直徑相差 10%
視直徑 29.83 角分　　視直徑 32.95 角分

2月6日——
今年最小月球

8月31日——
今年最大月球

大家可挑戰自己的眼力，能否看得出最大和最小月球的視覺分別，亦不妨用拍照方式紀錄下來。

2月23日——
月球、木星、金星連成一線

日落後望向西方，新月下的木星和金星排成一條直線，甚為有趣。

月球
木星
金星

Photo Credit：
C/2022E3 彗星路徑圖：Star Walk
2023 年最小與最大滿月模擬圖：台北市立天文館
月球、木星、金星連成一線相：可觀 Channel

3月2日——金星合木星

金星與木星合時（兩星視覺上最接近）相距只有0.5度（即一個月球視直徑），像兩顆明亮的眼睛，俯視大地。

3月24日—— 月掩金星（特別推薦）

▲ 19:47 掩食開始

月球相對於背景的星不斷向東移動。當晚 19:47 時，金星瞬間消失在月球背後，像被微笑的娥眉月吞噬了（暗面掩始），直至 20:53 才在月球另一邊出來（光面掩終）。金星非常光亮，整個過程以肉眼可見，用雙筒望遠鏡觀測效果更佳。

▲ 20:53 掩食結束

4月20日—— 日全環食（香港見日偏食）

這次日食非常罕見，稱為全環食。因地理因素，在日食中心帶所經之處，有些地區出現日全食（本影區），有些則出現日環食（假本影區），兩者混合出現。香港位處半影邊緣，能看到極細微的日偏食。

⚠注意安全：為免失明，觀測太陽時，一定要用合適的太陽濾鏡來減光。

有些地區見日全食　　　有些地區見日環食

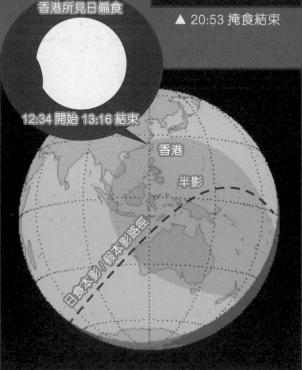

香港所見日偏食

12:34 開始 13:16 結束

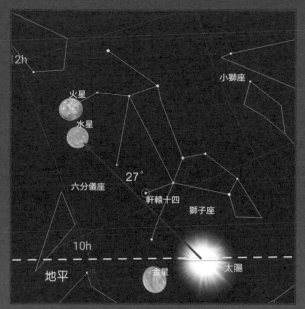

8月10日——水星東大距

水星在地球繞日軌道以內，是最接近太陽的內行星。除了在東大距或西大距時，大部分時間都很接近太陽，難以觀測。當天水星離太陽最遠（27度），日落時在西方地平線上沒有障礙物的地方就很易看見。

8月13日——
英仙座流星雨

流星雨的高峰期在8月13日，前後數天亦可看到。期間正值殘月，夜空較暗，有利觀測。高峰時每小時達100顆流星出現。

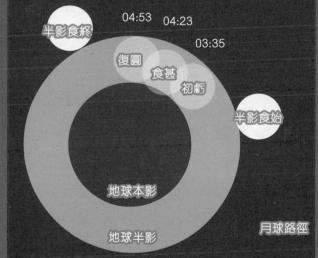

10月29日——月偏食

這次月偏食的食分很小，時間短，絕對是挑戰大家的觀察力。

12月14日——
雙子座流星雨

高峰期適逢新月，夜空較暗，有利觀測。每小時可看到的流星達150顆。

Photo Credit：
水星東大距圖：星夜行　英仙座流星雨圖、雙子座流星雨圖：Star Walk

香港中文大學
生物及化學系客席教授
曹宏威博士

為甚麼人的頭髮有這麼多不同的顏色？

Q1

陳茗業

▲相比之下，雀鳥的顏色鮮艷得多，有些羽毛顏色源自一些人體沒有的色素，如鸚鵡；有些則是羽毛結構令光線折射而產生有顏色的錯覺。

你提問的頭髮顏色，指的是天生的顏色吧？不然答案就很簡單：染髮不就可以隨心所欲地變換頭髮的色彩嗎？（有人為了標奇立異，忽略了染髮對健康有隱藏禍害的可能性，把頭髮染得五顏六色，實在不值得仿效）。

總的來説，人類天生的髮色不那麼多，只有六大類別——黑、棕、灰、金、紅和白，差一種才算是「七彩」。這些顏色都是髮絲內的黑色素（Melanin）所賦予的。其中黑色素又可細分為真黑素（Eumelanin）、棕黑色素（Pheomelanin）等。頭髮中各黑色素含量的比例不同，便混合成上述六種髮色的前五種。要是頭髮缺少了黑色素，長出來的就是白髮。老年化和白化遺傳病，都是頭髮缺少黑色素的原因。

黑色素由黑素細胞產生，而每種黑色素的生產量多少，就由基因決定。由於不同種族的基因有差異，故此不同人種有不同的髮色。

至於動畫人物時有粉紅、藍和紫色頭髮，那是創作上的鈎奇（探求怪異），與現實無關。

◀目前為止，科學家仍未發現哺乳類動物有黑、棕、灰、金、紅和白以外的天然髮色。山魈臉上的藍色是光線因蛋白質結構折射而成，並非毛髮顏色。

▶有時樹獺有綠色毛髮，但這是因為藻類或真菌與其共生所致，亦非毛髮本身的顏色。樹獺以此獲得保護色，免被襲擊。

Q2 為甚麼膠紙放久了會變黃？

羅頌然

透明膠紙的表層是不帶黏性的塑料薄膜（包括玻璃紙類的物料）。薄膜的單面或雙面都可塗上黏膠，而兩者功用不同。

黏膠是帶黏性的聚合物，屬不溶於水的黏劑。不同用途的膠紙（或膠布）所用黏劑的黏力有別。醫用膠貼能分辨皮膚和毛髮，因此揭膠貼時不怕扯拔毛髮致痛。

然而，不論哪種膠紙和黏膠，都是有機化合物裏的聚合品種，因此也抵受不住紫外光的破壞和空氣的氧化而變黃變脆，黏力也因而不斷降減。

紫外線會分解膠紙的成分，此過程所產生的化合物看起來泛黃。

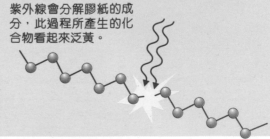

對了，為何剛才那叔叔說紙盒不能放進廢紙回收箱的？

因為紙盒含有很多其他材料。

飲品盒須防水和堅固，只用紙並不夠，看看這個。

嚓

有很多層呢！

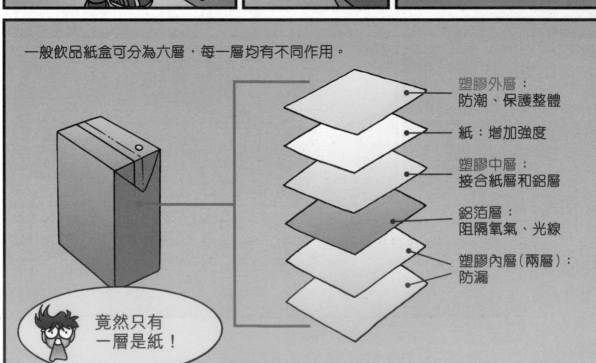

一般飲品紙盒可分為六層，每一層均有不同作用。

塑膠外層：防潮、保護整體

紙：增加強度

塑膠中層：接合紙層和鋁層

鋁箔層：阻隔氧氣、光線

塑膠內層（兩層）：防漏

竟然只有一層是紙！

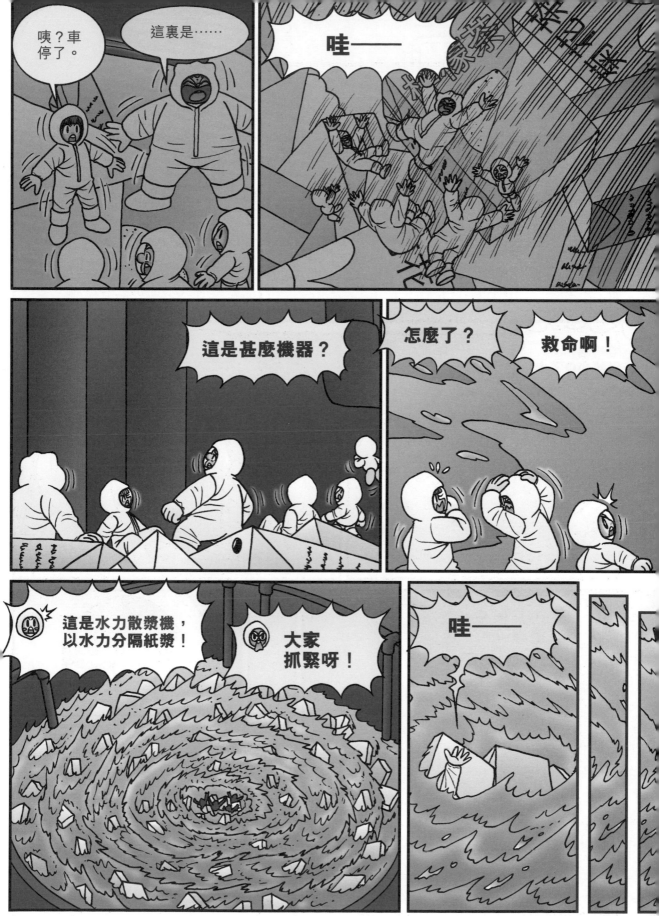

另一方面

嘿！

剛才發生甚麼事啊？

那是散漿程序，把紙漿分隔出來，再製成再造紙。

很多再造紙產品都是那些紙漿製成的。

對了，其他人呢？

現在就去救他們吧！

同一時間

這是哪裏…

危險！快逃啊！

甚麼？

噠

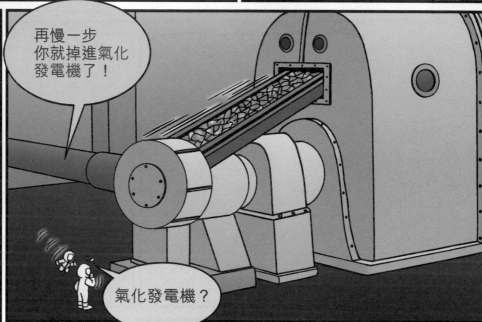

再慢一步你就掉進氣化發電機了！

氣化發電機？

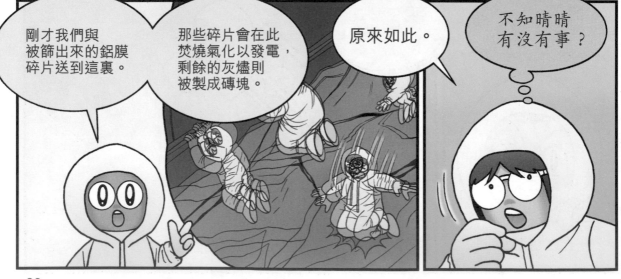

剛才我們與被篩出來的鋁膜碎片送到這裏。

那些碎片會在此焚燒氣化以發電，剩餘的灰燼則被製成磚塊。

原來如此。

不知晴晴有沒有事？

隆隆 隆隆 隆隆

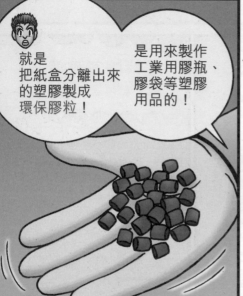

~完~

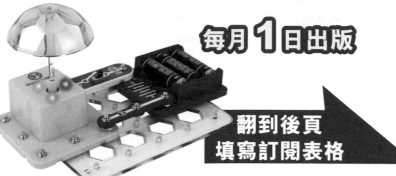

兒童的科學 訂戶換領店選擇 書報店	九龍區		店鋪代號
	新城	匯景廣場 401C 四樓（面對百佳）	B002KL
	偉華行	美孚四期 9 號舖（滙豐側）	B004KL

OK便利店

香港區	店鋪代號
西環卑輅道西 333 及 335 號地下連閣樓	284
西環般咸道 13-15 號金寧大廈地下 A 號舖	544
干諾道西 82-87 號及修打蘭街 21-27 號海景大廈地下 D 及 H 號舖	413
西營盤德輔道西 232 號地下	433
上環德輔道中 323 號西港城地下 11,12 及 13 號舖	246
中環閣麟街 10 至 16 號致發大廈地下 1 號舖及天井	188
中環民光街 11 號 3 號碼 頭 A,B & C 舖	229
金鐘花園道 3 號萬國寶通廣場地下 1 號舖	234
灣仔軒尼詩道 38 號地下	001
灣仔軒尼詩道 145 號安康大廈 3 號地下	056
灣仔灣仔道 89 號地下	357
灣仔藝文道 146 號地下 A 號舖	388
銅鑼灣駱克道 414, 418-430 號	291
傑德大廈地下 2 號舖	
銅鑼灣堅拿道東 9 號地下連閣樓	521
天后英皇道 14 號僑興大廈地下 H 號舖	410
天后地鐵站 TIH2 號舖	319
炮台山英皇道 193-209 號英皇中心地下 25-27 號舖	289
北角木姝姝道 2,4,6,8 及 8A, 昌苑大廈地下 4 號舖	196
北角電器道 233 號城市花園 1,2 及 3 座	237
平台地下 5 號舖	
北角蜆殼街 22 號地下	321
鰂魚涌海光街 13-15 號海光地下 16 號舖	348
太古康山花園第一座地下 H1 及 H2	039
西灣河筲箕灣道 388-414 號逢源大廈地下 H1 號舖	376
筲箕灣東大街商場地下 14 號舖	189
筲箕灣道 106-108 號地下 1 號舖	201
杏花邨地鐵站 HFC 5 及 6 號舖	342
柴灣興華邨和興樓 209-210 號	032
柴灣地鐵站 CHW12 號舖（C 出口）	300
柴灣小西灣道 28 號藍灣半島地下 18 號舖	199
柴灣小西灣邨小西灣商場四樓 401 號舖	166
柴灣小西灣道 9 號地下	390
香港仔中心第五期 L5 樓 3A 號舖及部份 3B 號舖	304
香港仔石排灣道 81 號地下 3 及 4 號舖	163
香港華富商業中心 7 號舖	336
跑馬地藍塘道 21-23 號地下 B 號舖	013
鴨脷洲海怡路 18A 號海怡廣場（東翼）地下	349
G02 號舖	382
薄扶林置富商場廣場 5 樓 503 號舖 "7-8 號檔"	264

九龍區	店鋪代號
九龍碧街 50 及 52 號地下	381
大角咀港灣豪庭地下 G10 號舖	247
深水埗桂林街 42-44 號地下 E 舖	180
深水埗富昌商場地下 18 號舖	228
長沙灣蘇屋邨蘇屋商場地下 G04 號舖	569
長沙灣道 800 號香港紗廠工業大廈一及二期地下	241
長沙灣道 868 號利豐中心地下	160
長沙灣長發街 13 及 13 號 A 地下	314
荔枝角道 833 號昇悅商場一樓 126 號舖	411
荔枝角地鐵站 LCK12 號地鋪	320
紅磡家維邨家義樓地下 3 及 4 號	079
紅磡機利士南路 669 號昌盛金舖大廈地下	094
紅磡馬頭圍道 37-39 號紅磡商業廣場地下 43-44 號	124
紅磡鶴園街 2G 號恆豐工業大廈第一期地下 CD1 號	261
紅磡愛景街 8 號海濱南岸 1 樓商場地下 3A 號舖	435
馬頭圍村洋溪道地下 111 號舖	365
馬頭圍新碼頭街 38 號翔龍灣廣場地下 G06 舖	407
土瓜灣土瓜灣道 273 號地下	131
九龍城衙前圍道 47 號地下 C 單位	386
尖沙咀寶勒巷 1 號玫瑰大廈地下 A 及 B 號舖	169
尖沙咀中間道 14 號海洋中心地下 50-53&55 號舖	209
尖沙咀尖東站 3 號舖	451
佐敦佐敦道 34 號道興樓地下	330
佐敦地鐵站 JOR10 及 11 號舖	297
佐敦寶靈街 20 號寶昌大樓地下 A,B 及 C 舖	303

	店鋪代號
佐敦佐敦道 9-11 號高基大廈地下 4 號舖	438
油麻地文明里 4-6 號地下 2 號舖	316
油麻地上海街 433 號興華中心地下 6 號舖	417
旺角水渠道 22,24,28 號安豪樓地下 A 舖	177
旺角西海泓道富榮花園地下 32-33 號舖	182
旺角弼街 43 號地下 F 及閣樓	208
旺角亞皆老街 88 至 96 號利豐大樓地下 C 舖	245
旺角登打士街 43P-43S 號鴻輝大廈地下 8 號舖	343
旺角豉油街 92 號地下 F	419
旺角豉油街 15 號萬利商業大廈地下 1 號舖	446
太子道西 96-100 號地下 C 及 D 舖	268
石硤尾南山邨南山商場大廈地下	098
樂富港鐵站 LG6（橫頭磡南路）	027
樂富地鐵富利達中心地下 E 號舖	409
新蒲崗寧遠街 10-20 號渣打銀行大廈地下 E 號	353
黃大仙盈福苑停車場大樓地下 1 號舖	181
黃大仙竹園邨竹園商場 11 號舖	081
黃大仙龍翔苑龍蟠苑商場中心 101 號舖	100
黃大仙地鐵站 WTS 12 號舖	274
慈雲山慈正邨慈正商場 1 平台 1 號舖	140
慈雲山慈正邨慈正商場 2 期地下 2 號舖	183
鑽石山富山邨富信樓 3C 地下	012
彩虹地鐵站 CHH18 及 19 號舖	259
彩虹村金碧樓地下	097
九龍灣德福商場 1 期 P40 號舖	198
九龍灣宏開道 18 號德福大廈 1 樓 3C 舖	215
九龍灣常悅道 13 號瑞興中心地下 A	395
牛頭角淘大花園第一期商場 27-30 號	026
牛頭角彩德商場地下 G04 號舖	428
牛頭角彩盈邨彩盈坊 3 號舖	366
觀塘翠屏商場地下 6 號舖	078
觀塘秀茂坪十五期停車場大廈地下 1 號舖	191
觀塘協和街 101 號地下 H 號舖	242
觀塘秀茂坪寶達邨寶達商場二樓 205 號舖	218
觀塘物華街 19-29 號	575
觀塘牛頭角道 305-325 及 325A 號觀塘立成大廈地下 K 號	399
藍田茶果嶺道 93 號麗港城中城地下 25 及 26B 號舖	338
藍田匯景道 8 號匯景花園 2D 號舖	385
油塘高俊苑停車場大廈 1 號舖	128
油塘邨鯉魚門廣場地下 1 號舖	231
油塘油麗商場 7 號舖	430

新界區	店鋪代號
屯門友愛村 H.A.N.D.S 商場地下 S114-S115 號	016
屯門置樂商場地下 129 號	114
屯門大興村商場 1 樓 54 號	043
屯門海珠路 2G 號翠寧花園地下 22 號舖	050
屯門美樂花園商場 81-82 號地下	051
屯門青翠徑南光樓高層地下 D	069
屯門建生邨服務設施大樓 102 號舖	083
屯門龍門商場 12-13 號舖	104
屯門悅湖商場 53-57 及 81-85 號舖	109
屯門寶怡花園 23-23A 地下 H 號舖	111
屯門富泰商場地下 6 號舖	187
屯門屯利街 1 號華都花園第三層 2B-03 號舖	236
屯門啟發徑，德政圍，柏苑地下 16-17 號舖	279
屯門龍門路 45 號富健花園地下 87 號舖	292
屯門寶田商場地下 6 號舖	299
屯門良景商場 114 號舖	324
屯門蝴蝶村熟食亭 13-16 號	329
屯門兆康苑兆康商場中心店號 104	033
天水圍天恩商場 109 及 110 號舖	060
天水圍天瑞路 9 號天瑞商場地下 L026 號舖	288
天水圍 Town Lot 28 號俊宏軒俊宏廣場地下 L30 號舖	437
元朗朗屏邨玉屏樓地下 1 號	337
元朗朗屏邨鏡屏樓 M009 號舖	023
元朗水邊圍邨康水樓地下 103-5 號	330
元朗谷亭街 1 號傑文樓地舖	014
	105

	店鋪代號
元朗大棠路 11 號光華廣場地下 4 號舖	214
元朗青山道 218, 222 & 226-230 號富興大邸地下 A 舖	285
元朗又新街 7-25 號元新大廈地下 4 號及 11 號舖	325
元朗青山公路 49-63 號金豪大廈地下 E 號舖及閣樓	414
元朗青山公路 99-109 號元朗貿易中心地下 7 號舖	421
荃灣大窩口村商場 C9-10 號	037
荃灣中心第一期高層平台 C8,C10,C12	067
荃灣麗城花園第三期麗城商場地下 2 號舖	089
荃灣海壩街 18 號（近福來村）	095
荃灣圓墩圍 59-61 號地下 A 舖	152
荃灣梨木樹村梨木樹商場 LG1 號舖	265
荃灣梨木樹村梨木樹商場 1 樓 102 號舖	266
荃灣德海街富利達中心地下 E 號舖	313
荃灣鹹田街 61 至 75 號石璧新村遊樂場 C 座地下 C6 號舖	356
荃灣青山道 185-187 號荃勝大廈地下 A2 舖	194
青衣港鐵站 TSY 306 號舖	402
青衣村一期停車場大廈地下 6 號舖	064
青衣青華苑停車場地下大堂	294
葵涌安蔭商場 1 號舖	107
葵涌石蔭東邨蔭興樓 1 及 2 號舖	143
葵涌邨第一期秋葵樓地下 6 號舖	156
葵涌盛芳街 15 號運芳樓地下 2 號舖	186
葵涌景荔徑 8 號盈暉家居城地下 G-04 號舖	219
葵涌貨櫃碼頭亞洲貨運大廈第三期 A 座 7 樓	116
葵涌華星街 1 至 7 號美華工業大廈地下	403
上水彩園邨彩華樓 301-2 號	018
粉嶺名都商場 2 樓 39A 號舖	275
粉嶺嘉福邨商場中心地下 6 號舖	127
粉嶺欣盛苑停車場大廈地下 1 號舖	278
粉嶺清河邨商場 46 號舖	341
大埔富亨邨富亨商場中心 23-24 號舖	084
大埔運頭塘邨商場 1 號店	086
大埔安邦路 9 號大埔超級城 E 區三樓 355A 號舖	255
大埔南運路 1-7 號富雅花園地下 4 號舖，10B-D 號舖	427
大圍火車站大堂 30 號舖	260
大圍良運街 2-16 號安盛工業大廈地下部份 B 地廠單位	276
沙田穗禾苑商場中心地下 G6 號	015
沙田乙明邨明耀樓地下 7-9 號	024
沙田新翠邨商場地下 6 號	035
沙田田心街 10-18 號雲疊花園地下 10A-C,19A	119
沙田小瀝源安平街 2 號利豐中心地下	211
沙田愉翠商場 1 樓 108 號舖	221
沙田美田商場地下 1 號舖	310
沙田第一城中心 G1 號舖	233
馬鞍山錦英苑商場地下錦安商場店 116	070
馬鞍山錦英苑商場中心低層地下 2 號舖	087
馬鞍山富安花園商場中心 22 號	048
馬鞍山頌安邨頌安商場地下 1 號舖	147
馬鞍山錦泰苑錦泰商場地下 2 號舖	179
馬鞍山烏溪沙火車站大堂 2 號舖	271
西貢海傍廣場金寶大廈地下 12 號舖	168
西貢西貢大街 23 號舖	283
將軍澳翠琳購物中心店號 105	045
將軍澳欣明苑停車場地下 1 號舖	076
將軍澳明德邨明德商場 110-2 號	055
將軍澳尚德邨尚德商場地下 008 號舖	280
將軍澳唐明苑唐明商場 1 號地下商場	502
將軍澳澄林邨茶果嶺 6 號舖	352
將軍澳寶盈花園地下 6 號舖	418
商場地下 10 及 11A 號舖	145
將軍澳景明苑明德商場 19 號舖	159
將軍澳尚德邨尚德商場地下 8 號 B04 號舖	223
將軍澳彩明商場擴展部份二樓 244 號舖	251
將軍澳景林邨商場中心 5 號舖	345
將軍澳邨厚德邨商場（西翼）地下 G11 及 G12 號舖	346
將軍澳寶寧路 25 號富寧花園	
將軍澳唐俊街 8 號康俊商場 2 樓 039 及 040 號舖	295
長洲新興街 107 號地下	326
長洲海傍街 34-5 號地下及閣樓	065

大偵探 7合1 求生法寶

溫度計 哨子 鏡子
隱密收納空間 電筒 指南針 放大鏡

或

大偵探口罩套裝
(包含 10 片口罩及 1 個收納套)

訂閱 兒童的科學 請在方格內打 ☑ 選擇訂閱版本

凡訂閱教材版 1 年 12 期，可選擇以下 1 份贈品：
□大偵探 7 合 1 求生法寶　或　□大偵探口罩套裝

訂閱選擇	原價	訂閱價	取書方法
□普通版（書 半年 6 期）	$210	$196	郵遞送書
□普通版（書 1 年 12 期）	$420	$370	郵遞送書
□教材版（書 + 教材 半年 6 期）	$540	$488	OK便利店 或書報店取書 請參閱前頁的選擇表，填上取書店舖代號→
□教材版（書 + 教材 半年 6 期）	$690	$600	郵遞送書
□教材版（書 + 教材 1 年 12 期）	$1080	$899	OK便利店或書報店取書 請參閱前頁的選擇表，填上取書店舖代號→
□教材版（書 + 教材 1 年 12 期）	$1380	$1123	郵遞送書

訂戶資料

月刊只接受最新一期訂閱，請於出版日期前 20 日寄出。例如，想由 3 月號開始訂閱 兒童的科學，請於 2 月 10 日前寄出表格。

訂戶姓名：# _____ 性別：_____ 年齡：_____ 聯絡電話：# _____

電郵：# _____

送貨地址：# _____

您是否同意本公司使用您上述的個人資料，只限用作傳送本公司的書刊資料給您？（有關收集個人資料聲明，請參閱封底裏）　# 必須提供

請在選項上打 ☑。　同意□　不同意□　簽署：_____ 日期：_____ 年_____ 月_____ 日

付款方法　請以 ☑ 選擇方法①、②、③、④或⑤

□①附上劃線支票 HK$ _____（支票抬頭請寫：Rightman Publishing Limited）

　　銀行名稱：_____ 支票號碼：_____

□②將現金 HK$ _____ 存入 Rightman Publishing Limited 之匯豐銀行戶口
　　（戶口號碼：168-114031-001）。
　　現把銀行存款收據連同訂閱表格一併寄回或電郵至 info@rightman.net。

□③用「轉數快」（FPS）電子支付系統，將款項 HK$ _____ 轉數至 Rightman
　　Publishing Limited 的手提電話號碼 63119350，並把轉數通知連同訂閱表格一併寄回、WhatsApp 至
　　63119350 或電郵至 info@rightman.net。

□④用香港匯豐銀行「PayMe」手機電子支付系統內選付款後，掃瞄右面 Paycode，
　　輸入所需金額，並在訊息欄上填寫①姓名及②聯絡電話，再按「付款」便完
　　成。付款成功後將交易資料的截圖連本訂閱表格一併寄回；或 WhatsApp
　　至 63119350；或電郵至 info@rightman.net。

□⑤用八達通手機 APP，掃瞄右面八達通 QR Code 後，輸入所需付款金額，並
　　在備註內填寫❶ 姓名及❷ 聯絡電話，再按「付款」便完成。付款成功後將交
　　易資料的截圖連本訂閱表格一併寄回；或 WhatsApp 至 63119350；或電郵至
　　info@rightman.net。

正文社出版有限公司
Scan me to PayMe

PayMe

八達通 Octopus
八達通 App
QR Code 付款

如用郵寄，請寄回：「柴灣祥利街 9 號祥利工業大廈 2 樓 A 室」《匯識教育有限公司》訂閱部收

收貨日期　本公司收到貨款後，您將於以下日期收到貨品：

• 訂閱 兒童的科學：每月 1 日至 5 日
• 選擇「 OK便利店 / 書報店取書」訂閱 兒童的科學 的訂戶，會在訂閱手續完成後兩星期內收到
　換領券，憑券可於每月出版日期起計之 14 天內，到選定的 OK便利店 / 書報店取書。
填妥上方的郵購表格，連同劃線支票、存款收據、轉數通知或「PayMe」交易資料的截圖，
寄回「柴灣祥利街 9 號祥利工業大廈 2 樓 A 室」匯識教育有限公司訂閱部收、WhatsApp 至
63119350 或電郵至 info@rightman.net。

訂閱雜誌

除了寄回表格，
也可網上訂閱！

兒童的科學 NO.214

請貼上 HK$2.2郵票
（只供香港讀者使用）

香港柴灣祥利街9號
祥利工業大廈2樓A室
兒童的科學 編輯部收

有科學疑問或有意見、
想參加開心禮物屋，
請填妥問卷，寄給我們！

大家可用
電子問卷方式遞交

▼ 請沿虛線向內摺

請在空格內「✔」出你的選擇。

我購買的版本為：01 □實踐教材版　02 □普通版

*給編輯部的話

*開心禮物屋：我選擇的禮物編號 ☐

*我的科學疑難/我的天文問題：

*本刊有機會刊登上述內容以及填寫者的姓名。

有關今期內容

Q1：今期主題：「折射光學大探究」
03 □非常喜歡　　04 □喜歡　　05 □一般　　06 □不喜歡　　07 □非常不喜歡

Q2：今期教材：「幻彩折射燈」
08 □非常喜歡　　09 □喜歡　　10 □一般　　11 □不喜歡　　12 □非常不喜歡

Q3：你覺得今期「幻彩折射燈」容易組裝嗎？
13 □很容易　　14 □容易　　15 □一般　　16 □困難
17 □很困難（困難之處：＿＿＿＿＿＿＿＿）　　18 □沒有教材

Q4：你有做今期的勞作和實驗嗎？
19 □翻滾多邊形　　20 □實驗一：靜電風車
21 □實驗二：飛天水母

請沿實線剪下

請沿實線剪下

問　卷

讀者檔案

#必須提供

| #姓名： | 男 女 | 年齡： | 班級： |

就讀學校：

#居住地址：

| | #聯絡電話： |

你是否同意，本公司將你上述個人資料，只限用作傳送《兒童的科學》及本公司其他書刊資料給你？（請刪去不適用者）

同意/不同意　簽署：＿＿＿＿＿＿＿＿＿＿＿　日期：＿＿＿＿＿年＿＿＿月＿＿＿日

（有關詳情請查看封底裏之「收集個人資料聲明」）

讀者意見

A 科學實踐專輯：
　頓牛擺烏龍事件簿

B 海豚哥哥自然教室：小灣鱷貝貝

C 科學DIY：多邊形翻滾大賽

D 科學實驗室：靜電遊樂日

E 讀者天地

F 大偵探福爾摩斯科學鬥智短篇：
　康乃馨奇案（1）

G 地球揭秘：
　洋流哪裏去？（2）循環不止的深層洋流

H 誰改變了世界：
　中華博物學家 沈括

I 活動資訊站

J 數學偵緝室：皇后號遇難記

K 天文教室：
　2023年香港十大天文現象

L 曹博士信箱：
　為甚麼人的頭髮有這麼多不同顏色？

M 科學Q&A：紙盒回收之旅

＊請以英文代號回答Q5至Q7

Q5. 你最喜愛的專欄：
第 1 位 22＿＿＿＿　第 2 位 23＿＿＿＿　第 3 位 24＿＿＿＿

Q6. 你最不感興趣的專欄：25＿＿＿＿　原因：26＿＿＿＿

Q7. 你最看不明白的專欄：27＿＿＿＿　不明白之處：28＿＿＿＿

Q8. 你從何處購買今期《兒童的科學》？
29□訂閱　30□書店　31□報攤　32□便利店　33□網上書店
34□其他：＿＿＿＿

Q9. 你有瀏覽過我們網上書店的網頁www.rightman.net嗎？
35□有　36□沒有

Q10. 你喜歡玩哪種機動遊戲？(可選多於一項)
37□過山車　38□咖啡杯　39□碰碰車
40□海盜船　41□摩天輪　42□跳樓機
43□旋轉木馬　44□其他＿＿＿＿